建筑与市政工程施工现场专业人员职业标准培训教材

质量员岗位知识与专业技能
（装饰方向）

建筑与市政工程施工现场专业人员职业标准培训教材编审委员会　组织编写
中国建设教育协会
朱吉顶　主编

中国建筑工业出版社

图书在版编目（CIP）数据

质量员岗位知识与专业技能（装饰方向）/朱吉顶主编. —北京：中国建筑工业出版社，2013.9
建筑与市政工程施工现场专业人员职业标准培训教材
ISBN 978-7-112-15879-9

Ⅰ.①质… Ⅱ.①朱… Ⅲ.①建筑工程-质量管理-职业培训-教材 Ⅳ.①TU712

中国版本图书馆 CIP 数据核字（2013）第 222858 号

建筑与市政工程施工现场专业人员职业标准培训教材
质量员岗位知识与专业技能
（装饰方向）
建筑与市政工程施工现场专业人员职业标准培训教材编审委员会
中国建设教育协会　　　　　　　　　　　　　　　组织编写
朱吉顶　主编

*

中国建筑工业出版社出版、发行（北京西郊百万庄）
各地新华书店、建筑书店经销
北京科地亚盟排版公司制版
北京市安泰印刷厂印刷

*

开本：787×1092 毫米　1/16　印张：9　字数：225 千字
2013 年 10 月第一版　2015 年 6 月第三次印刷
定价：**25.00 元**
ISBN 978-7-112-15879-9
（24605）

版权所有　翻印必究
如有印装质量问题，可寄本社退换
（邮政编码　100037）

本书是《建筑与市政工程施工现场专业人员职业标准》配套培训教材，参照装饰行业的职业技能鉴定规范，按照建筑装饰工程上岗人员基本要求，专门编写的职业能力培训规划教材。

本书主要以装饰装修质量员岗位知识为基础，以质量员的岗位技能为主线，整合了装饰装修质量员的基本岗位要求和必备技能，构建教材结构体系。全书分为八部分内容，包括：熟悉装饰装修相关的管理规定和标准，掌握工程质量管理的基本知识，掌握施工质量计划的内容和编制方法，熟悉工程质量控制的方法，评价装饰装修工程主要材料的质量，了解装饰装修施工试验的内容、方法和判定标准，掌握装饰装修工程质量问题的分析、预防及处理方法，进行装饰装修工程质量检验与评定等。教材内容与行业需求紧密联系，每一个环节都突出了岗位需求，落实岗位技能。本书着重培养和提高装饰装修质量员的实际运用能力，图文对照，新颖直观，通俗易懂，流程清晰，便于学习。

本书可作为职业院校相关专业的学生、相关岗位的在职人员、转入相关岗位的从业人员的学习培训用书。

责任编辑：朱首明　李　明
责任设计：李志立
责任校对：张　颖　王雪竹

建筑与市政工程施工现场专业人员职业标准培训教材编审委员会

主 任：赵 琦 李竹成

副主任：沈元勤 张鲁风 何志方 胡兴福 危道军
　　　　尤 完 赵 研 邵 华

委 员：（按姓氏笔画为序）

　　　　王兰英 王国梁 孔庆璐 邓明胜 艾永祥
　　　　艾伟杰 吕国辉 朱吉顶 刘尧增 刘哲生
　　　　孙沛平 李 平 李 光 李 奇 李 健
　　　　李大伟 杨 苗 时 炜 余 萍 沈 汛
　　　　宋岩丽 张 晶 张 颖 张亚庆 张燕娜
　　　　张晓艳 张悠荣 陈 曦 陈再捷 金 虹
　　　　郑华孚 胡晓光 侯洪涛 贾宏俊 钱大志
　　　　徐家华 郭庆阳 韩丙甲 鲁 麟 魏鸿汉

出版说明

建筑与市政工程施工现场专业人员队伍素质是影响工程质量和安全生产的关键因素。我国从20世纪80年代开始,在建设行业开展关键岗位培训考核和持证上岗工作。对于提高建设行业从业人员的素质起到了积极的作用。进入21世纪,在改革行政审批制度和转变政府职能的背景下,建设行业教育主管部门转变行业人才工作思路,积极规划和组织职业标准的研发。在住房和城乡建设部人事司的主持下,由中国建设教育协会、苏州二建建筑集团有限公司等单位主编了建设行业的第一部职业标准——《建筑与市政工程施工现场专业人员职业标准》,已由住房和城乡建设部发布,作为行业标准于2012年1月1日起实施。为推动该标准的贯彻落实,进一步编写了配套的14个考核评价大纲。

该职业标准及考核评价大纲有以下特点:(1) 系统分析各类建筑施工企业现场专业人员岗位设置情况,总结归纳了8个岗位专业人员核心工作职责,这些职业分类和岗位职责具有普遍性、通用性。(2) 突出职业能力本位原则,工作岗位职责与专业技能相互对应,通过技能训练能够提高专业人员的岗位履职能力。(3) 注重专业知识的完整性、系统性,基本覆盖各岗位专业人员的知识要求,通用知识具有各岗位的一致性,基础知识、岗位知识能够体现本岗位的知识结构要求。(4) 适应行业发展和行业管理的现实需要,岗位设置、专业技能和专业知识要求具有一定的前瞻性、引导性,能够满足专业人员提高综合素质和适应岗位变化的需要。

为落实职业标准,规范建设行业现场专业人员岗位培训工作,我们依据与职业标准相配套的考核评价大纲,组织编写了《建筑与市政工程施工现场专业人员职业标准培训教材》。

本套教材覆盖《建筑与市政工程施工现场专业人员职业标准》涉及的施工员、质量员、安全员、标准员、材料员、机械员、劳务员、资料员8个岗位14个考核评价大纲。每个岗位、专业,根据其职业工作的需要,注意精选教学内容、优化知识结构、突出能力要求,对知识、技能经过合理归纳,编写为《通用与基础知识》和《岗位知识与专业技能》两本,供培训配套使用。本套教材共29本,作者基本都参与了《建筑与市政工程施工现场专业人员职业标准》的编写,使本套教材的内容能充分体现《建筑与市政工程施工现场专业人员职业标准》,促进现场专业人员专业学习和能力提高的要求。

作为行业现场专业人员第一个职业标准贯彻实施的配套教材,我们的编写工作难免存在不足,因此,我们恳请使用本套教材的培训机构、教师和广大学员多提宝贵意见,以便进一步的修订,使其不断完善。

建筑与市政工程施工现场专业人员职业标准培训教材编审委员会

前　言

　　本教材是参照《建筑与市政工程施工现场专业人员职业标准》，按照《质量员（装饰装修）考核评价大纲》，结合建筑装饰装修工程技术应用型人才培养的要求，总结编者多年来从事建筑装饰工程的经验，结合行业资格培训需求和应用型人才培养目标而编写的。本书以建筑装饰质量员基本的岗位知识和必备的岗位技能为重点，着重对质量员在生产过程中的专业技术和管理要求进行讲解。相信本书能成为职业院校相关专业的学生、相关岗位的在职人员、转入相关岗位的从业人员进行上岗培训的一本理想参考书。

　　本教材由河南工业职业技术学院朱吉顶任主编并负责全书的统稿、修改、定稿，范国辉任副主编，许志中、孙荣荣、卢扬参加了编写。

　　本教材由中国建筑装饰协会培训中心组织审稿，由朱红教授主审。

　　由于编者水平有限，书中缺点和错误在所难免，敬请有关专家、同行和广大读者批评指正，以期进一步修改与完善。

目 录

一、装饰装修相关的管理规定和标准 1
 （一）建设工程质量管理法规、规定 1
 （二）建筑工程施工质量验收标准 4
二、工程质量管理的基本知识 21
 （一）工程质量管理及控制体系 21
 （二）GB/T 19000—ISO 9000 系列标准简介 22
 （三）ISO 9000 质量管理体系 25
三、施工质量计划的内容和编制方法 29
 （一）质量策划的概念 29
 （二）施工质量计划的内容 29
 （三）施工质量计划的编制方法 29
四、工程质量控制的方法 31
 （一）影响工程质量的主要因素 31
 （二）施工质量控制的基本环节 32
 （三）施工准备阶段质量控制 33
 （四）施工阶段的质量控制 34
 （五）设置施工质量控制点的原则和方法 39
 （六）确定装饰装修施工质量控制点 42
五、评价装饰装修工程主要材料的质量 49
 （一）饰面石材的外观质量、质量证明文件、复验报告 49
 （二）木材及木制品的外观质量、质量证明文件、复验报告 53
 （三）建筑陶瓷材料的外观质量、质量证明文件、复验报告 57
 （四）建筑玻璃的外观质量、质量证明文件、复验报告 58
 （五）建筑胶粘剂的外观质量、质量证明文件、复验报告 59
 （六）无机胶凝材料的外观质量、质量证明文件、复验报告 60
 （七）建筑涂料的外观质量、质量证明文件、复验报告 61
 （八）建筑装饰装修塑料的外观质量、质量证明文件、复验报告 62
 （九）建筑装饰装修用金属材料的外观质量、质量证明文件、复验报告 63
 （十）案例分析 65
六、装饰装修施工试验的内容、方法和判定标准 66
 （一）外墙饰面砖粘结强度 66
 （二）饰面板后置埋件的现场拉拔强度 67

（三）建筑外门窗气密性、水密性、抗风压性能现场检测…………………… 67
　　（四）水泥混凝土和水泥砂浆强度 ……………………………………………… 68
　　（五）有防水要求地面蓄水试验、泼水试验 …………………………………… 68
　　（六）案例分析 …………………………………………………………………… 69
七、装饰装修工程质量问题的分析、预防及处理方法 ……………………………… 70
　　（一）施工质量问题的分类与识别 ……………………………………………… 70
　　（二）常见的质量问题（通病） ………………………………………………… 71
　　（三）质量问题的原因分析 ……………………………………………………… 72
　　（四）质量问题的处理方法 ……………………………………………………… 72
八、装饰装修工程质量检验与评定 ………………………………………………… 102
　　（一）抹灰子分部工程 ………………………………………………………… 102
　　（二）门窗子分部工程 ………………………………………………………… 105
　　（三）吊顶子分部工程 ………………………………………………………… 112
　　（四）轻质隔墙工程 …………………………………………………………… 115
　　（五）饰面板（砖）子分部工程 ……………………………………………… 119
　　（六）涂饰子分部工程 ………………………………………………………… 121
　　（七）裱糊与软包子分部工程 ………………………………………………… 124
　　（八）细部子分部工程 ………………………………………………………… 126
　　（九）建筑地面子分部工程 …………………………………………………… 130

参考文献 …………………………………………………………………………… 136

一、装饰装修相关的管理规定和标准

（一）建设工程质量管理法规、规定

1. 实施工程建设强制性标准监督检查的内容、方式及违规处罚的规定

按照《实施工程建设强制性标准监督规定》（建设部令第 81 号 2000 年 8 月 21 日）相关要求，具体规定如下。

（1）强制性标准监督检查的内容、方式

1）有关工程技术人员是否掌握强制性标准；

2）工程项目的规划、勘察、设计、施工及验收等是否符合强制性标准的规定；

3）工程项目采用的材料、设备是否符合强制性标准的规定；

4）工程项目的安全、质量管理是否符合强制性标准的规定；

5）工程中采用的导则、指南、手册、计算机软件的内容是否符合强制性标准的规定；

6）工程建设标准批准部门应当对工程项目执行强制性标准情况进行监督检查。监督检查可以采取重点检查、抽查和专项检查的方式。

（2）强制性标准监督检查的违规处罚的规定

1）建设单位有下列行为：明示或者暗示施工单位使用不合格的建筑材料、建筑构配件和设备的；明示或者暗示设计单位或者施工单位违反工程建设强制性标准、降低工程质量的。责令改正，并处以 20 万元以上 50 万元以下的罚款。

2）勘察、设计单位违反工程建设强制性标准进行勘察、设计的，责令改正，并处以 10 万元以上 30 万元以下的罚款。有前款行为，造成工程质量事故的，责令停业整顿，降低资质等级；情节严重的，吊销资质证书；造成损失的，依法承担赔偿责任。

3）施工单位违反工程建设强制性标准的，责令改正，处工程合同价款 2% 以上 4% 以下的罚款；造成建设工程质量不符合规定的质量标准的，负责返工、修理，并赔偿因此造成的损失；情节严重的，责令停业整顿，降低资质等级或者吊销资质证书。

4）工程监理单位违反强制性标准规定，将不合格的建设工程以及建筑材料、建筑构配件和设备按照合格签字的，责令改正，处 50 万元以上 100 万元以下的罚款，降低资质等级或者吊销资质证书；有违法所得的，予以没收；造成损失的，承担连带赔偿责任。

5）违反工程建设强制性标准造成工程质量、安全隐患或者工程事故的，按照《建设工程质量管理条例》有关规定，对事故责任单位和责任人进行处罚。

6）有关责令停业整顿、降低资质等级和吊销资质证书的行政处罚，由颁发资质证书的机关决定;其他行政处罚,由建设行政主管部门或者有关部门依照法定职权决定。

7)建设行政主管部门和有关行政主管部门工作人员,玩忽职守、滥用职权、徇私舞弊的,给予行政处分;构成犯罪的,依法追究刑事责任。

2. 房屋建筑工程和市政基础设施工程竣工验收备案管理的规定

原规定于2000年4月4日以建设部令第78号发布,根据2009年10月19日《住房和城乡建设部关于修改〈房屋建筑工程和市政基础设施工程竣工验收备案管理暂行办法〉的决定》(文号)修正,具体如下。

(1)建设单位办理工程竣工验收备案应当提交的文件

1)工程竣工验收备案表;

2)工程竣工验收报告。竣工验收报告应当包括工程报建日期,施工许可证号,施工图设计文件审查意见,勘察、设计、施工、工程监理等单位分别签署的质量合格文件及验收人员签署的竣工验收原始文件,市政基础设施的有关质量检测和功能性试验资料以及备案机关认为需要提供的有关资料;

3)法律、行政法规规定应当由规划、环保等部门出具的认可文件或者准许使用文件;

4)法律规定应当由公安消防部门出具的对大型的人员密集场所和其他特殊建设工程验收合格的证明文件;

5)施工单位签署的工程质量保修书;

6)法规、规章规定必须提供的其他文件;

7)住宅工程还应当提交《住宅质量保证书》和《住宅使用说明书》。

(2)工程竣工验收备案的其他规定

1)建设单位应当自工程竣工验收合格之日起15日内,依照本办法规定,向工程所在地的县级以上地方人民政府建设主管部门(以下简称备案机关)备案。

2)工程质量监督机构应当在工程竣工验收之日起5日内,向备案机关提交工程质量监督报告。

3)备案机关发现建设单位在竣工验收过程中有违反国家有关建设工程质量管理规定行为的,应当在收讫竣工验收备案文件15日内,责令停止使用,重新组织竣工验收。

4)建设单位在工程竣工验收合格之日起15日内未办理工程竣工验收备案的,备案机关责令限期改正,处20万元以上50万元以下罚款。

5)建设单位将备案机关决定重新组织竣工验收的工程,在重新组织竣工验收前,擅自使用的,备案机关责令停止使用,处工程合同价款2%以上4%以下罚款。

6)备案机关决定重新组织竣工验收并责令停止使用的工程,建设单位在备案之前已投入使用或者建设单位擅自继续使用造成使用人损失的,由建设单位依法承担赔偿责任。

3. 房屋建筑工程质量保修范围、保修期限和违规处罚的规定

《房屋建筑工程质量保修办法》(中华人民共和国建设部令第80号),具体要求如下。

（1）房屋建筑工程质量保修范围、保修期限

1）房屋建筑工程保修期从工程竣工验收合格之日起计算；

2）地基基础工程和主体结构工程，为设计文件规定的该工程的合理使用年限；

3）屋面防水工程、有防水要求的卫生间、房间和外墙面的防渗漏，为5年；

4）供热与供冷系统，为2个采暖期、供冷期；

5）电气管线、给排水管道、设备安装为2年；

6）装修工程为2年；保温工程为5年；

7）其他项目的保修期限由建设单位和施工单位约定。

因使用不当或者第三方造成的质量缺陷，不可抗力造成的质量缺陷，不属于规定的保修范围。

（2）房屋建筑工程质量保修违规处罚

施工单位有下列行为之一的，由建设行政主管部门责令改正，并处1万元以上3万元以下的罚款：

1）工程竣工验收后，不向建设单位出具质量保修书的；

2）质量保修的内容、期限违反本办法规定的。

施工单位不履行保修义务或者拖延履行保修义务的，由建设行政主管部门责令改正，处10万元以上20万元以下的罚款。

4. 建设工程专项质量检测、见证取样检测的业务内容的规定

根据《建设工程质量检测管理办法》（中华人民共和国建设部令第141号），具体规定如下。

（1）地基基础工程检测

1）地基及复合地基承载力静载检测；

2）桩的承载力检测；

3）桩身完整性检测；

4）锚杆锁定力检测。

（2）主体结构工程现场检测

1）混凝土、砂浆、砌体强度现场检测；

2）钢筋保护层厚度检测；

3）混凝土预制构件结构性能检测；

4）后置埋件的力学性能检测。

（3）建筑幕墙工程检测

1）建筑幕墙的气密性、水密性、风压变形性能、层间变位性能检测；

2）硅酮结构胶相容性检测。

（4）钢结构工程检测

1）钢结构焊接质量无损检测；

2）钢结构防腐及防火涂装检测；

3）钢结构节点、机械连接用紧固标准件及高强度螺栓力学性能检测；

4)钢网架结构的变形检测。

(5)见证取样检测

1)水泥物理力学性能检验;

2)钢筋(含焊接与机械连接)力学性能检验;

3)砂、石常规检验;

4)混凝土、砂浆强度检验;

5)简易土工试验;

6)混凝土掺加剂检验;

7)预应力钢绞线、锚夹具检验;

8)沥青、沥青混合料检验;

9)防水材料检验。

(二)建筑工程施工质量验收标准

1. 建筑工程质量验收的划分、合格判定以及质量验收的程序和组织的要求

《建筑工程施工质量验收统一标准》GB 50300—2001,其中要求如下:

3.0.3 建筑工程施工质量应按下列要求进行验收:

1 建筑工程施工质量应符合本标准和相关专业验收规范的规定。

2 建筑工程施工应符合工程勘察、设计文件的要求。

3 参加工程施工质量验收的各方人员应具备规定的资格。

4 工程质量的验收均应在施工单位自行检查评定的基础上进行。

5 隐蔽工程在隐蔽前应由施工单位通知有关单位进行验收,并应形成验收文件。

6 涉及结构安全的试块、试件以及有关材料,应按规定进行见证取样检测。

7 检验批的质量应按主控项目和一般项目验收。

8 对涉及结构安全和使用功能的重要分部工程应进行抽样检测。

9 承担见证取样检测及有关结构安全检测的单位应具有相应资质。

10 工程的观感质量应由验收人员通过现场检查,并应共同确认。

5.0.4 单位(子单位)工程质量验收合格应符合下列规定:

1 单位(子单位)工程所含分部(子分部)工程的质量均应验收合格。

2 质量控制资料应完整。

3 单位(子单位)工程所含分部工程有关安全和功能的检测资料应完整。

4 主要功能项目的抽查结果应符合相关专业质量验收规范的规定。

5 观感质量验收应符合要求。

5.0.7 通过返修或加固处理仍不能满足安全使用要求的分部工程、单位(子单位)工程,严禁验收。

6.0.3 单位工程完工后,施工单位应自行组织有关人员进行检查评定,并向建设单位提交工程验收报告。

6.0.4 建设单位收到工程验收报告后,应由建设单位(项目)负责人组织施工(含分包单位)、设计、监理等单位(项目)负责人进行单位(子单位)工程验收。

6.0.7 单位工程质量验收合格后,建设单位应在规定时间内将工程竣工验收报告和有关文件,报建设行政管理部门备案。

2. 一般装饰装修工程(含门、窗工程)质量验收的要求

《建筑装饰装修工程质量验收规范》GB 50210—2001,其中强制性条文如下:

3.1.1 建筑装饰装修工程必须进行设计,并出具完整的施工图设计文件。

3.1.5 建筑装饰装修工程设计必须保证建筑物的结构安全和主要使用功能。当涉及主体和承重结构改动或增加荷载时,必须由原结构设计单位或具备相应资质的设计单位核查有关原始资料,对既有建筑结构的安全性进行核验、确认。

3.2.3 建筑装饰装修工程所用材料应符合国家有关建筑装饰装修材料有害物质限量标准的规定。

3.2.9 建筑装饰装修工程所使用的材料应按设计要求进行防火、防腐和防虫处理。

3.3.4 建筑装饰装修工程施工中,严禁违反设计文件擅自改动建筑主体、承重结构或主要使用功能;严禁未经设计确认和有关部门批准擅自拆改水、暖、电、燃气、通讯等配套设施。

3.3.5 施工单位应遵守有关环境保护的法律法规,并应采取有效措施控制施工现场的各种粉尘、废气、废弃物、噪声、振动等对周围环境造成的污染和危害。

4.1.12 外墙和顶棚的抹灰层与基层之间及各抹灰层之间必须粘结牢固。

5.1.11 建筑外门窗的安装必须牢固。在砌体上安装门窗严禁用射钉固定。

6.1.12 重型灯具、电扇及其他重型设备严禁安装在吊顶工程的龙骨上。

8.2.4 饰面板安装工程的预埋件(或后置埋件)、连接件的数量、规格、位置、连接方法和防腐处理必须符合设计要求,后置埋件的现场拉拔强度必须符合设计要求。饰面板安装必须牢固。

8.3.4 饰面砖粘贴必须牢固。

9.1.8 隐框、半隐框幕墙所采用的结构粘结材料必须是中性硅酮结构密封胶,其性能必须符合《建筑用硅酮结构密封胶》GB 16776 的规定;硅酮结构密封胶必须在有效期内使用。

9.1.13 主体结构与幕墙连接的各种预埋件,其数量、规格、位置和防腐处理必须符合设计要求。

9.1.14 幕墙的金属框架与主体结构预埋件的连接、立柱与横梁的连接及幕墙面板的安装必须符合设计要求,安装必须牢固。

12.5.6 护栏高度、栏杆间距、安装位置必须符合设计要求,护栏安装必须牢固。

3. 屋面及防水工程施工质量验收要求

《屋面工程质量验收规范》GB 50207—2012,其中强制性条文如下:

3.0.6 防水、保温材料应有产品合格证书和性能检测报告,材料品种、规格、性能

等应符合现行国家产品标准和设计要求。产品质量应由经过省级以上建设行政主管部门对其资质认可和质量技术监督部门对其计量认证的质量检测单位进行检测。

3.0.12 屋面防水工程完工后,应进行观感质量检查和雨后观察或淋水、蓄水试验,不得有渗漏和积水现象。

5.1.7 保温材料的导热系数、表观密度或干密度、抗压强度或压缩强度、燃烧性能,必须符合设计要求。

7.2.7 瓦片必须铺置牢固。在大风及地震设防地区或屋面坡度大于100%时,应按设计要求采取固定加强措施。

4. 建筑地面工程施工质量验收的要求

《建筑地面工程施工质量验收规范》GB 50209—2010,其中强制性条文如下:

3.0.3 建筑地面工程采用的材料或产品应符合设计要求和国家现行有关标准的规定。无国家现行标准的,应具有省级住房和城乡建设行政主管部门的技术认可文件。材料或产品进场时还应符合下列规定:应有质量合格证明文件;应对型号、规格、外观等进行验收,对重要材料或产品应抽样进行复验。

(说明:主要是控制进场材料质量,提出建筑地面工程的所有材料和产品均应有质量合格证明文件,以防假冒产品,并强调按规定抽样复检和做好检验记录,严把材料进场的质量关。为配合推动建筑新材料、新技术的发展,规定暂时没有国家现行标准的建筑地面材料或产品也可进场使用,但必须持有建筑地面工程所在地的省级住房和城乡建设行政主管部门的技术认可文件。文中所提"质量合格证明文件"是指:随同进场材料或产品一同提供的、有效的中文质量状况证明文件。通常包括型式检验报告、出厂检验报告、出厂合格证等。进口产品还应包括出入境商品检验合格证书。)

3.0.5 厕浴间和有防滑要求的建筑地面应符合设计防滑要求。

(说明:以满足厕浴间和有防滑要求的建筑地面的使用功能要求,防止使用时对人体造成伤害。当设计要求进行抗滑检测时,可参照建筑工业产品行业标准《人行路面砖抗滑性检验方法》的规定执行。)

3.0.18 厕浴间、厨房和有排水(或其他液体)要求的建筑地面面层与相连接各类面层的标高差应符合设计要求。

(说明:强调相邻面层的标高差的重要性和必要性,以防止有排水的建筑地面面层上的水倒泄入相邻面层,影响正常使用。)

4.9.3 有防水要求的建筑地面工程,铺设前必须对立管、套管和地漏与楼板节点之间进行密封处理,并应进行隐蔽验收;排水坡度应符合设计要求。

(说明:是针对有防、排水要求的建筑地面工程作出的规定,以免渗漏和积水等缺陷。)

4.10.11 厕浴间和有防水要求的建筑地面必须设置防水隔离层。楼层结构必须采用现浇混凝土或整块预制混凝土板,混凝土强度等级不应小于C20;房间的楼板四周除门洞外应做混凝土翻边,高度不应小于200mm,宽同墙厚,混凝土强度等级不应小于C20。施工时结构层标高和预留孔洞位置应准确,严禁乱凿洞。

检验方法：观察和钢尺检查。

检查数量：按本规范第3.0.21条规定的检验批检查。

（说明：为了防止厕浴间和有防水要求的建筑地面发生渗漏，对楼层结构提出了确保质量的规定，并提出了检验方法、检查数量。）

4.10.13 防水隔离层严禁渗漏，排水的坡向应正确、排水通畅。

检验方法：观察检查和蓄水、泼水检验、坡度尺检查及检查验收记录。

检查数量：按本规范第3.0.21条规定的检验批检查。

（说明：严格规定了防水隔离层的施工质量要求和检验方法、检查数量。）

5.7.4 不发火（防爆）面层中碎石的不发火性必须合格；砂应质地坚硬、表面粗糙，其粒径应为0.15～5mm，含泥量不应大于3%，有机物含量不应大于0.5%；水泥应采用硅酸盐水泥、普通硅酸盐水泥；面层分格的嵌条应采用不发生火花的材料配制。配制时应随时检查，不得混入金属或其他易发生火花的杂质。

检验方法：观察检查和检查质量合格证明文件。

检查数量：按本规范第3.0.19条的规定检查。

（说明：强调面层在原材料加工和配制时，应随时检查，不得混入金属或其他易发生火花的杂质。并提出了检验方法、检查数量。）

5. 民用建筑工程室内环境污染控制的要求

《民用建筑工程室内环境污染控制规范》GB 50325—2010，其中强制性规定条文如下：

1.0.5 民用建筑工程所选用的建筑材料和装修材料必须符合本规范的有关规定。

3.1.1 民用建筑工程所使用的砂石、砖、砌块、水泥、混凝土、混凝土预制构件等无机非金属建筑主体材料的放射性限量，应符合表3.1.1的规定。

无机非金属建筑主体材料放射性限量 表3.1.1

测定项目	限量
内照射指数 I_{Ra}	≤1.0
外照射指数 I_γ	≤1.0

3.1.2 民用建筑工程所使用的无机非金属装修材料，包括石材、建筑卫生陶瓷、石膏板、吊顶材料、无机瓷质砖粘接材料等，进行分类时，其放射性指标限量应符合表3.1.2的规定。

无机非金属装修材料放射性限量 表3.1.2

测定项目	限量	
	A	B
内照射指数 I_{Ra}	≤1.0	≤1.3
外照射指数 I_γ	≤1.3	≤1.9

3.2.1 民用建筑工程室内用人造木板及饰面人造板，必须测定游离甲醛含量或游离甲醛释放量。

3.6.1 民用建筑工程中所使用的能释放氨的阻燃剂、混凝土外加剂,氨的释放量不应大于0.10%,测定方法应符合现行国家标准《混凝土外加剂中释放氨的限量》GB 18588的有关规定。

4.3.1 民用建筑工程室内不得使用国家禁止使用、限制使用的建筑材料。

4.3.2 Ⅰ类民用建筑工程室内装修采用的无机非金属装修材料必须为A类。

4.3.4 Ⅰ类民用建筑工程的室内装修,采用的人造木板及饰面人造木板必须达到E1级要求。

4.3.9 民用建筑工程室内装修中所使用的木地板及其他木质材料,严禁采用沥青、煤焦油类防腐、防潮处理剂。

5.1.2 当建筑材料和装修材料进场检验,发现不符合设计要求及本规范的有关规定时,严禁使用。

5.2.1 民用建筑工程中所采用的无机非金属建筑材料和装修材料必须有放射性指标检测报告,并应符合设计要求和本规范的有关规定。

5.2.3 民用建筑工程室内装修中所采用的人造木板及饰面人造木板,必须有游离甲醛含量或游离甲醛释放量检测报告,并应符合设计要求和本规范的有关规定。

5.2.5 民用建筑工程室内装修中所采用的水性涂料、水性胶粘剂、水性处理剂必须有同批次产品的挥发性有机化合物(VOC)和游离甲醛含量检测报告;溶剂型涂料、溶剂型胶粘剂必须有同批次产品的挥发性有机化合物(VOC)、苯、甲苯+二甲苯、游离甲苯二异氰酸酯(TDI)含量检测报告,并应符合设计要求和本规范的有关规定。

5.2.6 建筑材料和装修材料的检测项目不全或对检测结果有疑问时,必须将材料送有资格的检测机构进行检验,检验合格后方可使用。

5.3.3 民用建筑工程室内装修时,严禁使用苯、工业苯、石油苯、重质苯及混苯作为稀释剂和溶剂。

5.3.6 民用建筑工程室内严禁使用有机溶剂清洗施工用具。

6.0.3 民用建筑工程所用建筑材料和装修材料的类别、数量和施工工艺等,应符合设计要求和本规范的有关规定。

6.0.4 民用建筑工程验收时,必须进行室内环境污染物浓度检测。其限量应符合表6.0.4的规定。

民用建筑工程室内环境污染物浓度限量 表6.0.4

污染物	Ⅰ类民用建筑工程	Ⅱ类民用建筑工程
氡(Bq/m^3)	≤200	≤400
甲醛(mg/m^3)	≤0.08	≤0.1
苯(mg/m^3)	≤0.09	≤0.09
氨(mg/m^3)	≤0.2	≤0.2
TVOC(mg/m^3)	≤0.5	≤0.6

注:1 表中污染物浓度限量,除氡外均指室内测量值扣除同步测定的室外上风向空气测量值(本底值)后的测量值。
  2 表中污染物浓度测量值的极限值判定,采用全数值比较法。

6.0.19 当室内环境污染物浓度的全部检测结果符合规范表1-3的规定时,可判定该工程室内环境质量合格。

6.0.21 室内环境质量验收不合格的民用建筑工程,严禁投入使用。

6. 钢结构工程施工质量验收的要求

《钢结构工程施工质量验收规范》GB 50205—2001,其中强制性条文如下:

4.2.1 钢材、钢铸件的品种、规格、性能等应符合现行国家产品标准和设计要求,进口钢材产品的质量应符合设计和合同规定标准的要求。

4.3.1 焊接材料的品种、规格、性能等应符合现行国家产品标准和设计要求。

4.4.1 钢结构连接用高强度大六角头螺栓连接副、扭剪型高强度螺栓连接副、钢网架用高强度螺栓、普通螺栓、铆钉、自攻钉、拉铆钉、射钉、锚栓(机械型和化学试剂型)、地脚锚栓等紧固标准件及螺母、垫圈等标准配件,其品种、规格、性能等应符合现行国家产品标准和设计要求。高强度大六角头螺栓连接副和扭剪型高强度螺栓连接副出厂时应分别随箱带有扭矩系数和紧固轴力(预拉力)的检验报告。

5.2.2 焊工必须经考试合格并取得合格证书。持证焊工必须在其考试合格项目及其认可范围内施焊。

5.2.4 设计要求全焊透的一、二级焊缝应采用超声波探伤进行内部缺陷的检验,超声波探伤不能对缺陷作出判断时,应采用射线探伤,其内部缺陷分级及探伤方法应符合现行国家标准《钢焊缝手工超声波探伤方法和探伤结果分级法》GB 11345 或《钢熔化焊对接接头射线照相和质量分级》GB 3323 的规定。

焊接球节点网架焊缝、螺栓球节点网架焊缝及圆管 T、K、Y 形节点相贯线焊缝,其内部缺陷分级及探伤方法应分别符合国家现行标准的规定。

一级、二级焊缝的质量等级及缺陷分级应符合表 5.2.4 的规定。

一级、二级焊缝质量等级及缺陷分级　　　　　　　　　表 5.2.4

焊缝质量等级		一级	二级
内部缺陷超声波探伤	评定等级	Ⅱ	Ⅲ
	检验等级	B级	B级
	探伤比例	100%	20%
内部缺陷射线探伤	评定等级	Ⅱ	Ⅲ
	检验等级	AB级	AB级
	探伤比例	100%	20%

注:探伤比例的计数方法应按以下原则确定:(1)对工厂制作焊缝,应按每条焊缝计算百分比,且探伤长度应不小于 200,当焊缝长度不足 200mm 时,应对整条焊缝进行探伤;(2)对现场安装焊缝,应按同一类型、同一施焊条件的焊缝条数计算百分比,探伤长度应不小于 200mm,并应不少于 1 条焊缝。

6.3.1 钢结构制作和安装单位应分别进行高强度螺栓连接摩擦面的抗滑移系数试验和复验,现场处理的构件摩擦面应单独进行摩擦面抗滑移系数试验,其结果应符合设计要求。

8.3.1 吊车梁和吊车桁架不应下挠。

10.3.4 单层钢结构主体结构的整体垂直度和整体平面弯曲的允许偏差应符合表

10.3.4 的规定。

整体垂直度和整体平面弯曲的允许偏差（mm） 表 10.3.4

项 目	允许偏差	图 例
主体结构的整体垂直	$H/100$，且不应大于 25.0	
主体结构的整体平面弯曲	$L/1500$，且不应大于 25.0	

11.3.5 多层及高层钢结构主体结构的整体垂直度和整体平面弯曲的允许偏差应符合表 11.3.5 的规定。

整体垂直度和整体平面弯曲的允许偏差（mm） 表 11.3.5

项 目	允许偏差	图 例
主体结构的整体垂直	$(H/2500+10.0)$，且不应大于 50.0	
主体结构的整体平面弯曲	$L/1500$，且不应大于 25.0	

12.3.4 钢网架结构总拼完成后及屋面工程完成后应分别测量其挠度值，且所测的挠度值不应超过相应设计值的 1.15 倍。

14.2.2 涂料、涂装遍数、涂层厚度均应符合设计要求。当设计对涂层厚度无要求时，涂层干漆膜总厚度：室外应为 $150\mu m$，室内应为 $125\mu m$，其允许偏差为 $-25\mu m$。每遍涂层干漆膜厚度的允许偏差为 $-5\mu m$。

14.3.3 薄涂型防火涂料的涂层厚度应符合有关耐火极限的设计要求。厚涂型防火涂料涂层的厚度，80%及以上面积应符合有关耐火极限的设计要求，且最薄处厚度不应低于设计要求的85%。

7. 建筑节能工程施工质量验收的要求

《建筑节能工程施工质量验收规范》GB 50411—2007，其中强制性条文如下：

1.0.5 单位工程竣工验收应在建筑节能分部工程验收合格后进行。

3.1.2 设计不得降低建筑节能效果。当设计变更涉及建筑节能效果时，应经原施工图设计审查机构审查，在实施前应办理设计变更手续，并应获得监理或建设单位的确认。

3.3.1 建筑节能工程应按照经审查合格的设计文件和经审查批准的施工方案施工。

4.2.2 墙体节能工程使用的保温隔热材料，其导热系数、密度、抗压强度或压缩强度、燃烧性能应符合设计要求。

4.2.7 墙体节能工程的施工，应符合下列规定：

1 保温隔热材料的厚度必须符合设计要求。

2 保温板与基层及各构造层之间的粘结或连接必须牢固。粘结强度和连接方式应符合设计要求。保温板材与基层的粘结强度应做现场拉拔试验。

3 保温浆料应分层施工。当采用保温浆料做外保温时，保温层与基层之间及各层之间的粘结必须牢固，不应脱层、空鼓和开裂；

4 当墙体节能工程的保温层采用预埋或后置锚固件固定时，锚固件数量、位置、锚固深度和拉拔力应符合设计要求。后置锚固件应进行锚固力现场拉拔试验。

4.2.15 严寒和寒冷地区外墙热桥部位，应按设计要求采取节能保温等隔断热桥措施。

5.2.2 幕墙节能工程使用的保温隔热材料，其导热系数、密度、燃烧性能应符合设计要求。幕墙玻璃的传热系数、遮阳系数、可见光透射比、中空玻璃露点应符合设计要求。

6.2.2 建筑外窗的气密性、保温性能、中空玻璃露点、玻璃遮阳系数和可见光透射比应符合设计要求。

7.2.2 屋面节能工程使用的保温隔热材料，其导热系数、密度、抗压强度或压缩强度、燃烧性能应符合设计要求。

8.2.2 地面节能工程使用的保温材料，其导热系数、密度、抗压强度或压缩强度、燃烧性能应符合设计要求。

9.2.3 采暖系统的安装应符合下列规定：

1 采暖系统的制式，应符合设计要求；

2 散热设备、阀门、过滤器、温度计及仪表应按设计要求安装齐全，不得随意增减和更换；

3 室内温度调控装置、热计量装置、水力平衡装置以及热力入口装置的安装位置和方向应符合设计要求，并便于观察、操作和调试；

4 温度调控装置和热计量装置安装后，采暖系统应能实现设计要求的分室（区）温度调控、分栋热计量和分户或分室（区）热量分摊的功能。

9.2.10 采暖系统安装完成后，应在采暖期内与热源联合试运转和调试。联合试运转和调试结果应符合设计要求,采暖房间温度相对于设计计算温度不得低于2℃,且不高于1℃。

10.2.3 通风与空调节能工程中的送、排风系统、空调风系统、空调水系统的安装,应符合下列规定:

1 各系统的制式,应符合设计要求;

2 各种设备、自控阀门与仪表应按设计要求安装齐全,不得随意增减和更换;

3 水系统各分支管路水力平衡装置、温控装置与仪表的安装位置、方向应符合设计要求,并便于观察、操作和调试;

4 空调系统应能实现设计要求的分室(区)温度调控功能。对设计要求分栋、分区或分户(室)冷、热计量的建筑物,空调系统应能实现相应的计量功能。

10.2.14 通风与空调系统安装完毕,应进行通风机和空调机组等设备的单机试运转和调试,并应进行系统的风量平衡调试。单机试运转和调试结果应符合设计要求;系统的总风量与设计风量的允许偏差均不应大于10%,风口的风量与设计风量的允许偏差不应大于15%。

11.2.3 空调与采暖系统冷热源设备和辅助设备及其管网系统的安装,应符合下列规定:

1 管道系统的制式,应符合设计要求;

2 各种设备、自控阀门与仪表应按设计要求安装齐全,不得随意增减和更换;

3 空调冷(热)水系统,应能实现设计要求的变流量或定流量运行;

4 供热系统应能根据热负荷及室外温度变化实现设计要求的集中质调节、量调节或质-量调节相结合的运行。

11.2.5 冷热源侧的电动两通调节阀、水力平衡阀及冷(热)量
计量装置等自控阀门与仪表的安装,应符合下列规定:

1 规格、数量应符合设计要求;

2 方向应正确,位置应便于操作和观察。

11.2.11 空调与采暖系统冷热源和辅助设备及其管道和管网系统安装完毕后,系统试运转及调试必须符合下列规定:

1 冷热源和辅助设备必须进行单机试运转和调试。

2 冷热源和辅助设备必须同建筑室内空调或采暖系统进行联合试运转及调试。

3 联合试运转和调试结果应符合设计要求,且允许偏差或规定值应符合表11.2.11的有关规定。当联合试运转及调试不在制冷期或采暖期时,应先对表11.2.11中序号2、3、5、6四个项目进行检测,并在第一个制冷期或采暖期内,带冷(热)源补做序号1、4两个项目的检测。

联合试运转及调试检测项目与允许偏差或规定值　　表11.2.11

序号	检测项目	允许偏差或规定值
1	室内温度	冬季不得低于设计计算温度2℃,且不应高于1℃ 夏季不得高于设计计算温度2℃,且不应低于1℃
2	供热系统室外管网的水力平衡度	0.9~1.2

续表

序 号	检测项目	允许偏差或规定值
3	供热系统的补水率	≤0.5%
4	室外管网的热输送效率	≥0.92
5	空调机组的水流量	≤20%
6	空调系统冷热水、冷却水总流量	≤10%

12.2.2 低压配电系统选择的电缆、电线截面不得低于设计值，进场时应对其截面和每芯导体电阻值进行见证取样送检。每芯导体电阻值应符合表12.2.2的规定。

不同标称截面的电缆、电线每芯导体最大电阻值　　　表12.2.2

标称截面（mm^2）	20℃时导体最大电阻（Ω/km）圆筒导体（不镀金属）
0.5	36.0
0.75	24.5
1.0	18.1
1.5	12.1
2.5	7.41
4	4.61
6	3.08
10	1.83
16	1.15
25	0.727

13.2.5 通风与空调的监测控制系统的控制功能及故障报警功能应符合设计要求。

15.0.5 建筑节能分部工程质量验收合格，应符合下列规定：

1 分项工程应全部合格；
2 质量控制资料应完整；
3 外墙节能构造现场实体检验结果应符合设计要求；
4 严寒、寒冷和夏热冬冷地区的外窗气密性现场实体检验结果应合格；
5 建筑设备工程系统节能性能检测结果应合格。

8. 建筑物防雷工程施工质量验收的要求

《建筑物防雷设计规范》GB 50057—2010，其中强制性条文如下：

3.0.2 在可能发生对地闪击的地区，遇下列情况之一时，应划为第一类防雷建筑物：

1 凡制造、使用或贮存火炸药及其制品的危险建筑物，因电火花而引起爆炸、爆轰，会造成巨大破坏和人身伤亡者。
2 具有0区或20区爆炸危险场所的建筑物。
3 具有1区或21区爆炸危险场所的建筑物，因电火花而引起爆炸，会造成巨大破坏和人身伤亡者。

3.0.3 在可能发生对地闪击的地区，遇下列情况之一时，应划为第二类防雷建筑物：

1 国家级重点文物保护的建筑物。

2 国家级的会堂、办公建筑物、大型展览和博览建筑物、大型火车站和飞机场、国宾馆、国家级档案馆、大型城市的重要给水泵房等特别重要的建筑物。

注：飞机场不含停放飞机的露天场所和跑道。

3 国家级计算中心、国际通信枢纽等对国民经济有重要意义的建筑物。

4 国家特级和甲级大型体育馆。

5 制造、使用或贮存火炸药及其制品的危险建筑物，且电火花不易引起爆炸或不致造成巨大破坏和人身伤亡者。

6 具有1区或21区爆炸危险场所的建筑物，且电火花不易引起爆炸或不致造成巨大破坏和人身伤亡者。

7 具有2区或22区爆炸危险场所的建筑物。

8 有爆炸危险的露天钢质封闭气罐。

9 预计雷击次数大于0.05次/a的部、省级办公建筑物和其他重要或人员密集的公共建筑物以及火灾危险场所。

10 预计雷击次数大于0.25次/a的住宅、办公楼等一般性民用建筑物或一般性工业建筑物。

3.0.4 在可能发生对地闪击的地区，遇下列情况之一时，应划为第三类防雷建筑物：

1 省级重点文物保护的建筑物及省级档案馆。

2 预计雷击次数大于或等于0.01次/a，且小于或等于0.05次/a的部、省级办公建筑物和其他重要或人员密集的公共建筑物，以及火灾危险场所。

3 预计雷击次数大于或等于0.05次/a，且小于或等于0.25次/a的住宅、办公楼等一般性民用建筑物或一般性工业建筑物。

4 在平均雷暴日大于15d/a的地区，高度在15m及以上的烟囱、水塔等孤立的高耸建筑物；在平均雷暴日小于或等于15d/a的地区，高度在20m及以上的烟囱、水塔等孤立的高耸建筑物。

4.1.1 各类防雷建筑物应设防直击雷的外部防雷装置，并应采取防闪电电涌侵入的措施。

第一类防雷建筑物和本规范第3.0.3条第5～7款所规定的第二类防雷建筑物，尚应采取防闪电感应的措施。

4.1.2 各类防雷建筑物应设内部防雷装置，并应符合下列规定：

1 在建筑物的地下室或地面层处，下列物体应与防雷装置做防雷等电位连接：

1）建筑物金属体。

2）金属装置。

3）建筑物内系统。

4）进出建筑物的金属管线。

2 除本条第1款的措施外，外部防雷装置与建筑物金属体、金属装置、建筑物内系统之间，尚应满足间隔距离的要求。

4.2.1

2 排放爆炸危险气体、蒸气或粉尘的放散管、呼吸阀、排风管等的管口外的下列空间应处于接闪器的保护范围内：

1) 当有管帽时应按表4.2.1的规定确定。
2) 当无管帽时，应为管口上方半径5m的半球体。
3) 接闪器与雷闪的接触点应设在本款第1项或第2项所规定的空间之外。

有管帽的管口外处于接闪器保护范围内的空间　　表4.2.1

装置内的压力与周围空气压力的压力差（kPa）	排放物对比于空气	管帽以上的垂直距离（m）	距管口处的水平距离（m）
<5	重于空气	1	2
5～25	重于空气	2.5	5
≤25	轻于空气	2.5	5
>25	重或轻于空气	5	5

注：相对密度小于或等于0.75的爆炸性气体规定为轻于空气的气体；相对密度大于0.75的爆炸性气体规定为重于空气的气体。

3 排放爆炸危险气体、蒸气或粉尘的放散管、呼吸阀、排风管等，当其排放物达不到爆炸浓度、长期点火燃烧、一排放就点火燃烧，以及发生事故时排放物才达到爆炸浓度的通风管、安全阀，接闪器的保护范围应保护到管帽，无管帽时应保护到管口。

4.2.3

1 室外低压配电线路应全线采用电缆直接埋地敷设，在入户处应将电缆的金属外皮、钢管接到等电位连接带或防闪电感应的接地装置上。

2 当全线采用电缆有困难时，应采用钢筋混凝土杆和铁横担的架空线，并应使用一段金属铠装电缆或护套电缆穿钢管直接埋地引入。架空线与建筑物的距离不应小于15m。

在电缆与架空线连接处，尚应装设户外型电涌保护器。电涌保护器、电缆金属外皮、钢管和绝缘子铁脚、金具等应连在一起接地，其冲击接地电阻不应大于30Ω。所装设的电涌保护器应选用Ⅰ级试验产品，其电压保护水平应小于或等于2.5kV，其每一保护模式应选冲击电流等于或大于10kA；若无户外型电涌保护器，应选用户内型电涌保护器，其使用温度应满足安装处的环境温度，并应安装在防护等级IP54的箱内。

当电涌保护器的接线形式为本规范表J.1.2中的接线形式2时，接在中性线和PE线间电涌保护器的冲击电流，当为三相系统时不应小于40kA，当为单相系统时不应小于20kA。

4.2.4

8 在电源引入的总配电箱处应装设Ⅰ级试验的电涌保护器。电涌保护器的电压保护水平值应小于或等于2.5kV。每一保护模式的冲击电流值，当无法确定时，冲击电流应取等于或大于12.5kA。

4.3.3 专设引下线不应少于2根，并应沿建筑物四周和内庭院四周均匀对称布置，其间距沿周长计算不应大于18m。当建筑物的跨度较大，无法在跨距中间设引下线时，应在跨距两端设引下线并减小其他引下线的间距，专设引下线的平均间距不应大于18m。

4.3.5

6 构件内有箍筋连接的钢筋或成网状的钢筋，其箍筋与钢筋、钢筋与钢筋应采用土建施工的绑扎法、螺丝、对焊或搭焊连接。单根钢筋、圆钢或外引预埋连接板、线与构件内钢筋应焊接或采用螺栓紧固的卡夹器连接。构件之间必须连接成电气通路。

4.3.8

4 在电气接地装置与防雷接地装置共用或相连的情况下，应在低压电源线路引入的总配电箱、配电柜处装设Ⅰ级试验的电涌保护器。电涌保护器的电压保护水平值应小于或等于2.5kV。每一保护模式的冲击电流值，当无法确定时应取等于或大于12.5kA。

5 当Yyn0型或Dynll型接线的配电变压器设在本建筑物内或附设于外墙处时，应在变压器高压侧装设避雷器；在低压侧的配电屏上，当有线路引出本建筑物至其他有独自敷设接地装置的配电装置时，应在母线上装设Ⅰ级试验的电涌保护器，电涌保护器每一保护模式的冲击电流值，当无法确定时冲击电流应取等于或大于12.5kA；当无线路引出本建筑物时，应在母线上装设Ⅱ级试验的电涌保护器，电涌保护器每一保护模式的标称放电电流值应等于或大于5kA。电涌保护器的电压保护水平值应小于或等于2.5kV。

4.4.3 专设引下线不应少于2根，并应沿建筑物四周和内庭院四周均匀对称布置，其间距沿周长计算不应大于25m。当建筑物的跨度较大，无法在跨距中间设引下线时，应在跨距两端设引下线并减小其他引下线的间距，专设引下线的平均间距不应大于25m。

4.5.8 在独立接闪杆、架空接闪线、架空接闪网的支柱上，严禁悬挂电话线、广播线、电视接收天线及低压架空线等。

6.1.2 当电源采用TN系统时，从建筑物总配电箱起供电给本建筑物内的配电线路和分支线路必须采用TN-S系统。

9. 建筑幕墙工程施工质量验收的要求

《金属与石材幕墙工程技术规范》JGJ 133—2001，其中强制性条文如下：

3.2.2 花岗石板材的弯曲强度应经法定检测机构检测确定，其弯曲强度不应小于8.0MPa。

3.5.2 同一幕墙工程应采用同一品牌的单组分或双组分的硅酮结构密封胶，并应有保质年限的质量证书。用于石材幕墙的硅酮结构密封胶还应有证明无污染的试验报告。

3.5.3 同一幕墙工程应采用同一品牌的硅酮结构密封胶和硅酮耐候密封胶配套使用。

4.2.3 幕墙构架的立柱与横梁在风荷载标准值作用下，钢型材的相对挠度不应大于$L/300$，绝对挠度不应大于15mm；铝合金型材的相对挠度不应大于$L/180$，绝对挠度不应大于20mm。

4.2.4 幕墙在风荷载标准值除以阵风系数后的风荷载值作用下，不应发生雨水渗漏。其雨水渗漏性能应符合设计要求。

5.2.3 作用于幕墙上的风荷载标准值应按下式计算，且不应小于$1.0kN/m^2$。

5.5.2 钢销式石材幕墙可在非抗震设计或6度、7度抗震设计幕墙中应用，幕墙高度不宜大于20m，石板面积不宜大于$1.0m^2$。钢销和连接板应采用不锈钢。连接板截面尺寸不宜小于40mm×4mm。钢销与孔的要求应符合本规范的规定。

5.6.6 横梁应通过角码、销钉或螺栓与立柱连接，角码应能承受横梁的剪力。螺钉直径不得小于4mm，每处连接螺钉数量不应少于3个，螺栓不应少于2个。横梁与立柱之间应有一定的相对位移能力。

5.7.2 上下立柱之间应有不小于15mm的缝隙,并应采用芯柱连接。芯柱总长度不应小于400mm。芯柱与立柱应紧密接触。芯柱与下柱之间应采用不锈钢螺栓固定。

5.7.11 立柱应采用螺栓与角码连接,并通过角码与预埋件或钢构件连接。螺栓直径不应小于10mm,连接螺栓应按现行国家标准《钢结构设计规范》进行承载力计算。立柱与角码采用不同金属材料时应采用绝缘垫片分隔。

6.1.3 用硅酮结构密封胶黏结固定构件时,注胶应在温度15℃以上30℃以下、相对湿度50%以上,且洁净、通风的室内进行,胶的宽度、厚度应符合设计要求。

6.5.1 金属与石材幕墙构件应按同一种类构件的5%进行抽样检查,且每种构件不得少于5件。当有一个构件抽检不符合上述规定时,应加倍抽样复验,全部合格后方可出厂。

7.2.4 金属、石材幕墙与主体结构连接的预埋件,应在主体结构施工时按设计要求埋设。预埋件应牢固,位置准确,预埋件的位置误差应按设计要求进行复查。当设计无明确要求时,预埋件的标高偏差不应大于10mm,预埋件位置差不应大于20mm。

7.3.4 金属板与石板安装应符合下列规定:

应对横竖连接件进行检查、测量、调整;

金属板、石板安装时,左右、上下的偏差不应大于1.5mm;

金属板、石板空缝安装时,必须有防水措施,并应有符合设计要求的排水出口;

填充硅酮耐候密封胶时,金属板、石板缝的宽度、厚度应根据硅酮耐候密封胶的技术参数,经计算后确定。

7.3.10 幕墙安装施工应对下列项目进行验收:

主体结构与立柱、立柱与横梁连接节点安装及防腐处理;

幕墙的放火、保温安装;

幕墙的伸缩缝、沉降缝、防震缝及阴阳角的安装;

幕墙的防雷节点的安装;

幕墙的封口安装。

《玻璃幕墙工程技术规范》JGJ 102—2003,其中强制性条文如下:

3.1.4 隐框和半隐框玻璃幕墙,其玻璃与铝型材的粘结必须采用中性硅酮结构密封胶;全玻幕墙和点支承幕墙采用镀膜玻璃时,不应采用酸性硅酮结构密封胶粘结。

3.1.5 硅酮结构密封胶和硅酮建筑密封胶必须在有效期内使用。

3.6.2 硅酮结构密封胶使用前,应经国家认可的检测机构进行与其相接触材料的相容性和剥离粘结性试验,并应对邵氏硬度、标准状态拉伸粘结性能进行复验。检验不合格的产品不得使用。进口硅酮结构密封胶应具有商检报告。

4.4.4 人员流动密度大、青少年或幼儿活动的公共场所以及使用中容易受到撞击的部位,其玻璃幕墙应采用安全玻璃;对使用中容易受到撞击的部位,尚应设置明显的警示标志。

5.1.6 幕墙结构构件应按下列规定验算承载力和挠度:

1 无地震作用效应组合时,承载力应符合下式要求:

$$\gamma_0 S \leqslant R \tag{5.1.6-1}$$

2 有地震作用效应组合时,承载力应符合下式要求:

$$S_E \leqslant R/\gamma_{RE} \tag{5.1.6-2}$$

式中 S——荷载效应按基本组合的设计值;
　　S_E——地震作用效应和其他荷载效应按基本组合的设计值;
　　R——构件抗力设计值;
　　γ_0——结构构件重要性系数,应取不小于1.0;
　　γ_{RE}——结构构件承载力抗震调整系数,应取1.0。

3 挠度应符合下式要求:

$$d_f \leqslant d_{f,\lim} \tag{5.1.6-3}$$

式中 d_f——构件在风荷载标准值或永久荷载标准值作用下产生的挠度值;
　　$d_{f,\lim}$——构件挠度限值。

4 双向受弯的杆件,两个方向的挠度应分别符合本条第3款的规定。

5.5.1 主体结构或结构构件,应能够承受幕墙传递的荷载和作用。连接件与主体结构的锚固承载力设计值应大于连接件本身的承载力设计值。

5.6.2 硅酮结构密封胶应根据不同的受力情况进行承载力极限状态验算。在风荷载、水平地震作用下,硅酮结构密封胶的拉应力或剪应力设计值不应大于其强度设计值,f_1,f_1 应取 0.2N/mm^2;在永久荷载作用下,硅酮结构密封胶的拉应力或剪应力设计值不应大于其强度设计值 f_2,f_2 应取 0.01N/mm^2。

6.2.1 横梁截面主要受力部位的厚度,应符合下列要求:

1 截面自由挑出部位(图1.1a)和双侧加劲部位(图1.1b)的宽厚比 b_0/t 应符合表6.2.1的要求;

横梁截面宽厚比 b_0/t 限值　　　　表6.2.1

截面部位	铝型材				钢型材	
	6063-T5 6061-T4	6063A-T5	6063-T6 6063A-T6	6061-T6	Q235	Q345
自由挑出	17	15	13	12	15	12
双侧加劲	50	45	40	35	40	33

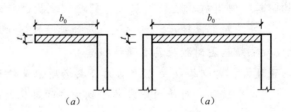

图1.1 横梁的截面部位示意

2 当横梁跨度不大于1.2m时,铝合金型材截面主要受力部位的厚度不应小于

2.0mm；当横梁跨度大于1.2m时，其截面主要受力部位的厚度不应小于2.5mm。型材孔壁与螺钉之间直接采用螺纹受力连接时，其局部截面厚度不应小于螺钉的公称直径；

3　钢型材截面主要受力部位的厚度不应小于2.5mm。

6.3.1　立柱截面主要受力部位的厚度，应符合下列要求：

1　铝型材截面开口部位的厚度不应小于3.0mm，闭口部位的厚度不应小于2.5mm；型材孔壁与螺钉之间直接采用螺纹受力连接时，其局部厚度尚不应小于螺钉的公称直径；

2　钢型材截面主要受力部位的厚度不应小于3.0mm；

3　对偏心受压立柱，其截面宽厚比应符合本规范第6.2.1条的相应规定。

7.1.6　全玻幕墙的板面不得与其他刚性材料直接接触。板面与装修面或结构面之间的空隙不应小于8mm，且应采用密封胶密封。

7.3.1　全玻幕墙玻璃肋的截面厚度不应小于12mm，截面高度不应小于100mm。

7.4.1　采用胶缝传力的全玻幕墙，其胶缝必须采用硅酮结构密封胶。

8.1.2　采用浮头式连接件的幕墙玻璃厚度不应小于6mm；采用沉头式连接件的幕墙玻璃厚度不应小于8mm。

安装连接件的夹层玻璃和中空玻璃，其单片厚度也应符合上述要求。

8.1.3　玻璃之间的空隙宽度不应小于10mm，且应采用硅酮建筑密封胶嵌缝。

9.1.4　除全玻幕墙外，不应在现场打注硅酮结构密封胶。

10.7.4　当高层建筑的玻璃幕墙安装与主体结构施工交叉作业时，在主体结构的施工层下方应设置防护网；在距离地面约3m高度处，应设置挑出宽度不小于6m的水平防护网。

10. 建筑内部装修防火施工及验收要求

《建筑内部装修防火施工及验收规范》GB 50354—2005，其中强制性条文如下：

2.0.4　进入施工现场的装修材料应完好，并应核查其燃烧性能或耐火极限、防火性能型式检验报告、合格证书等技术文件是否符合防火设计要求。核查、检验时，应按本规范附录B的要求填写进场验收记录。

2.0.5　装修材料进入施工现场后，应按本规范的有关规定，在监理单位或建设单位监督下，由施工单位有关人员现场取样，并应由具备相应资质的检验单位进行见证取样检验。

2.0.6　装修施工过程中，装修材料应远离火源，并应指派专人负责施工现场的防火安全。

2.0.7　装修施工过程中，应对各装修部位的施工过程作详细记录。记录表的格式应符合本规范附录C的要求。

2.0.8　建筑工程内部装修不得影响消防设施的使用功能。装修施工过程中，当确需变更防火设计时，应经原设计单位或具有相应资质的设计单位按有关规定进行。

3.0.4　下列材料应进行抽样检验：

1　现场阻燃处理后的纺织织物，每种取2m^{2}检验燃烧性能；

2　施工过程中受湿浸、燃烧性能可能受影响的纺织织物，每种取2m^{2}检验燃烧性能。

4.0.4 下列材料应进行抽样检验：

1 现场阻燃处理后的木质材料，每种取 $4m^2$ 检验燃烧性能；

2 表面进行加工后的B1级木质材料，每种取 $4m^2$ 检验燃烧性能。

5.0.4 现场阻燃处理后的泡沫塑料应进行抽样检验，每种取 $0.1m^3$ 检验燃烧性能。

6.0.4 现场阻燃处理后的复合材料应进行抽样检验，每种取 $4m^2$ 检验燃烧性能。

7.0.4 现场阻燃处理后的复合材料应进行抽样检验。

8.0.2 工程质量验收应符合下列要求：

1 技术资料应完整；

2 所用装修材料或产品的见证取样检验结果应满足设计要求；

3 装修施工过程中的抽样检验结果，包括隐蔽工程的施工过程中及完工后的抽样检验结果应符合设计要求；

4 现场进行阻燃处理、喷涂、安装作业的抽样检验结果应符合设计要求；

5 施工过程中的主控项目检验结果应全部合格；

6 施工过程中的一般项目检验结果合格率应达到80％。

8.0.6 当装修施工的有关资料经审查全部合格、施工过程全部符合要求、现场检查或抽样检测结果全部合格时，工程验收应为合格。

二、工程质量管理的基本知识

（一）工程质量管理及控制体系

1. 工程质量管理的概念和特点

建设工程质量简称工程质量，是指工程满足业主需要的、符合国家法律、法规、技术规范标准、设计文件及合同规定的特性综合。建设工程作为一种特殊的产品，除具有一般产品共有的质量特性，如性能、寿命、可靠性、安全性、经济性等满足社会需要的使用价值及其属性外，还具有特定的内涵。工程质量有以下几种特点：影响因素多，质量波动大，质量的隐蔽性，终检的局限性，评价方法的特殊性。建设工程质量的特性主要表现在六个方面：适用性、耐久性、安全性、可靠性、经济性、与环境的协调性等。

工程质量管理，是指为实现工程建设的质量方针、目标，进行质量策划、质量控制、质量保证和质量改造的工作。广义的工程质量管理，泛指建设全过程的质量管理，其管理的范围贯穿于工程建设的决策、勘察、设计、施工的全过程。一般意义的质量管理，指的是工程施工阶段的管理。

工程项目质量管理的特点：

（1）工程项目的质量特性较多。
（2）工程项目形体庞大，高投入，周期长，牵涉面广，具有风险性。
（3）影响工程项目质量因素多。
（4）工程项目质量管理难度较大。
（5）工程项目质量具有隐蔽性。

2. 质量控制体系的组织框架

建设工程项目质量控制体系，一般形成多层次、多单元的结构形态，这是由其实施任务的委托方式和合同结构所决定的。

（1）多层次结构

多层次结构是对应于建设工程项目工程系统纵向垂直分解的单项、单位工程项目的质量控制体系。在大中型工程项目尤其是群体工程项目中，第一层次的质量控制体系应由建设单位的工程项目管理机构负责建立；在委托代建、委托项目管理或实行交钥匙式工程总承包的情况下，应由相应的代建方项目管理机构、受托项目管理机构或工程总承包企业项目管理机构负责建立。第二层次的质量控制体系，通常是指分别由建设工程项目的设计总负责单位、施工总承包单位等建立的相应管理范围内的质量控制体系。第三层次及其以下，是承担工程设计、施工安装、材料设备供应等各承包单位的施工质量保证体系。

(2) 多单元结构

多单元结构是指在建设工程项目质量控制总体系下，第二层次的质量控制体系及其以下的质量自控或保证体系可能有多个。这是项目质量目标、责任和措施分解的必然结果。

（二）GB/T 19000—ISO 9000 系列标准简介

1. 标准

1987 年 ISO/TC176 发布了举世瞩目的 ISO 9000 系列标准，我国于 1988 年发布了与之相应的 GB/T 10300 系列标准，并"等效采用"。为了更好地与国际接轨，又于 1992 年 10 月发布了 GB/T 19000 系列标准，并"等同采用 ISO 9000 族标准"。1994 年国际标准化组织发布了修订后的 ISO 9000 族标准后，我国及时将其等同转化为国家标准；2008 年国际标准化组织发布了 ISO 9001：2008，我国也及时发布了 GB/T 19001—2008。

为了更好地发挥 ISO 9000 族标准的作用，使其具有更好的适用性和可操作性，2000 年 12 月 15 日 ISO 正式发布新的 ISO 9000、ISO 9001 和 ISO 9004 国际标准。2000 年 12 月 28 日国家质量技术监督局正式发布 GB/T 19000—2000（idt ISO 9000：2000），GB/T 19001—2000（idt ISO 9001：2000），GB/T 19004—2000（idt ISO 9004：2000）三个国家标准。

国际标准化组织（ISO）在 ISO/IEC 指南 2—1991《标准化和有关领域的通用术语及其定义》中对标准的定义如下：

标准：为在一定的范围内获得最佳秩序，对活动和其结果规定共同的和重复使用的规则、指导原则或特性文件。该文件经协商一致制订并经一个公认机构的批准。

我国的国家标准 GB 3935.1—1996 中对标准的定义采用了上述的定义。

显然，标准的基本含义就是"规定"，就是在特定的地域和年限里对其对象做出"一致性"的规定。但标准的规定与其他规定有所不同，标准的制定和贯彻以科学技术和实践经验的综合成果为基础，标准是"协商一致"的结果，标准的颁布具有特定的过程和形式。标准的特性表现为科学性与时效性，其本质是"统一"。标准的这一本质赋予标准具有强制性、约束性和法规性。

2. GB/T 19000—2000 族核心标准的构成和特点

(1) GB/T 19000—2000 族核心标准的构成

GB/T 19000—2000 族核心标准由下列四部分组成：

1) GB/T 19000—2000 质量管理体系——基础和术语

GB/T 19000—2000 表述质量管理体系并规定质量管理体系术语

2) GB/T 19001—2000 质量管理体系——要求

GB/T 19001—2000 规定质量管理体系要求，用于组织证实其具有提供满足顾客要求和适用的法规要求的产品的能力。

3）GB/T 19004—2000 质量管理体系——业绩改进指南

GB/T 19004—2000 提供质量管理体系指南，包括持续改进的过程，有助于组织的顾客和其他相关方满意。

4）ISO 19011 质量和环境审核指南

ISO 19011 提供管理与实施环境和质量审核的指南。

该标准由国际标准化组织质量管理和质量保证技术分委员会（ISO/TCl76/SC3）与环境管理体系、环境审核与有关的环境调查分委员会（ISO/TC207/SC2）联合制定。

(2) ISO 9000：2000 族标准的主要特点

1）标准的结构与内容更好地适应于所有产品类别、不同规模和各种类型的组织。

2）采用"过程方法"的结构，同时体现了组织管理的一般原理，有助于组织结合自身的生产和经营活动采用标准来建立质量管理体系，并重视有效性的改进与效率的提高。

任何得到输入并将其转化为输出的活动均可视为过程。系统识别和管理组织内使用的过程，特别是这些过程之间的相互作用，称为过程方法。

3）提出了质量管理八项原则并在标准中得到了充分体现。

4）对标准要求的适应性进行了更加科学与明确的规定，在满足标准要求的途径与方法方面，提倡组织在确保有效性的前提下，可以根据自身经营管理的特点做出不同的选择，给予组织更多的灵活度。

5）更加强调管理者的作用，最高管理者通过确定质量目标，制定质量方针，进行质量评审以及确保资源的获得和加强内部沟通等活动，对其建立、实施质量管理体系并持续改进其有效性的承诺提供证据，并确保顾客的要求得到满足，旨在增强顾客满意度。

6）突出了"持续改进"是提高质量管理体系有效性和效率的重要手段。

7）强调质量管理体系的有效性和效率，引导组织以顾客为中心并关注相关方的利益，关注产品与过程而不仅仅是程序文件与记录。

8）对文件化的要求更加灵活，强调文件应能够为过程带来增值，记录只是证据的一种形式。

9）将顾客和其他相关方满意或不满意的信息作为评价质量管理体系运行状况的一种重要手段。

10）概念明确，语言通俗，易于理解、翻译和使用，用概念图形式表达术语间的逻辑关系。

11）强调了 ISO 9001 作为要求性的标准，ISO 9004 作为指南性的标准的协调一致性，有利于组织的业绩的持续改进。

12）增强了与环境管理体系标准等其他管理体系标准的相容性，从而为建立一体化的管理体系创造了有利条件。

3. GB/T 19001—2008 标准的解读

国际标准化组织（ISO）已于 2008 年 11 月 15 日发布了 ISO 9001：2008《质量管理体系要求》国际标准，中国国家质量监督检验检疫总局和中国国家标准化管理委员会也在 2008 年 12 月 30 日发布了 GB/T 19001—2008《质量管理体系要求》国家标准，并于 2009

年 3 月 1 日起实施。GB/T 19001—2008《质量管理体系要求》国家标准是等同采用 ISO 9001：2008《质量管理体系要求》国际标准。

对新版 GB/T 19001—2008 标准从以下几个方面进行解读。

(1) 一个核心，即"以顾客为关注焦点"条款，是 ISO 9001 乃至整个 ISO 9000 族标准的核心，标准其他条款都是围绕其展开的，因为关注顾客、追求顾客满意是企业质量工作的最高标准，也是其所有质量活动的出发点和行为归宿。

(2) 两个基本点，即顾客满意和持续改进。顾客满意是全面满足并超越顾客的要求和期望。由于顾客满意是一种感受，是暂时的、动态的、相对的，要想持续地实现顾客满意就必须持续地、永不停步地改进质量管理体系的有效性，因此顾客满意和持续改进是 ISO 9000 族标准的核心和灵魂。

(3) 两种沟通，即内部沟通和顾客沟通。有效的内部沟通有利于高效地达到体系的预期目标，有效的顾客沟通有助于持续满足顾客要求，增强顾客满意。

(4) 3 个方面的策划，即对质量管理体系的策划、产品实现过程的策划和测量分析改进的策划。质量绩效是质量策划的预期结果，质量策划是实现质量绩效的前提条件。

(5) 3 种监视和测量，即对体系、过程和产品的监视和测量。

(6) 四大管理过程，即管理职责过程、资源管理过程、产品实现过程和测量、分析、改进过程，其中产品实现过程为质量管理体系的主过程，而其他过程则是其支持性过程，这些过程的功能和作用将通过产品实现过程的绩效加以体现。

(7) 最高管理者的 5 项"承诺"和 12 项"确保"是标准对企业最高管理者在质量方面提出的要求，标准要求以文件形式作出承诺并提供实现承诺的证据，企业最高领导对质量管理体系的重视和支持，是质量管理体系有效运行最根本的保证，也是世界各国质量界共同的经验总结。

(8) 6 个强制性程序文件和 44 处潜在的、隐含的文件要求。94 版标准明确提出必须编制 17 个程序文件，2008 版标准也在 6 个方面提出了程序文件要求。新标准提出编制上述程序文件并不意味着只要有这 6 个程序文件就能满足质量管理体系运行需要，所以标准又要求还须编制为确保其过程有效策划、运行和控制所需的其他文件，其在标准行文中以"制定"、"确定"、"规定"、"明确"、"建立"、"提供"、"获得"等字眼在 44 处提出了潜在的、隐含的文件要求。这些潜在的、隐含的文件要求相对于每个企业各不相同，每个企业在进行体系和过程策划时应关注这些隐含的要求，根据自身需要，因"企"制宜，审时度势，妥善恰当地确定所需文件的数量和形式，既不要追求形式形成装饰性文件，又不要因缺少文件支持造成管理盲区。

(9) 7 处法律法规要求。法律法规要求是企业生产经营活动的底线，也是企业合法经营的基本要求。

(10) 标准在 9 处强调"持续改进质量管理体系有效性"。持续改进是指增强满足要求能力的循环活动，是在合格基础上的再提高。持续改进质量管理体系有效性是持续实现和增强顾客满意的不竭动力。

(11) 标准在 14 处强调体系和过程的运行有效性。有效性即完成策划的活动并得到策划结果的程度。运行有效性是企业建立质量管理体系的目的，也是质量认证的生命。94

版标准较多地强调符合性,而2008版标准则更关注其有效性。

(12) 标准有20处强调要提供记录以证实质量管理体系运行有效性。记录是阐明所取得的结果或提供所完成的活动的证据的文件,也是证实质量管理体系有效运行的重要证据。

(13) 为保证标准要求得到全面、有效贯彻并达到预期效果,标准在133处以"应"的表述方式强调标准要求执行的强制性,在34处以"确保"的表述方式强调标准要求的实施力度。ISO/TC 176/SC2N526《术语使用指南》中规定:"应"用来指为符合标准必须严格遵守的要求,不得违背。"确保"在《新华词典》中指有能力并准确达到目标。

(14) 为帮助企业有效贯彻标准要求,标准给出了4种灵活性、让步性条款。这4种类型条款包括"必要时"、"适用时"、"适当时"和"根据实际情况决定控制的类型和程度"种情况。标准条款要求的灵活性和让步性主要源于标准的通用性,由于不同性质、不同规模的组织各种情况有较大差异,对其控制的要求和方法也应有所不同,不能一刀切,因此标准有必要赋予不同类型的组织一定的灵活性。企业在建立体系、策划过程和形成文件时,应根据自身具体情况,对这些灵活性、让步性要求做出具体的、恰如其分的说明或要求。

(三) ISO 9000 质量管理体系

1. ISO 9000 质量管理体系的要求

ISO 9000—2008《质量管理体系》规定了对质量管理体系的要求,供组织需要证实其具有稳定地提供顾客要求和适用法律法规要求产品的能力时应用,组织通过体系的有效应用,包括持续改进体系的过程及确保符合顾客与适用法规的要求增强顾客满意度,成为用于审核和第三方认证的唯一标准,它用于内部和外部评价组织提供满足组织自身要求和顾客、法律法规要求的产品的能力。

标准应用了以过程为基础的质量管理体系模式的结构,鼓励组织在建立、实施和改进质量管理体系及提高其有效性时,采用过程方法,通过满足顾客要求,增强顾客满意。ISO 9000标准重点规定了质量管理体系和要求,可供组织作为内部审核的依据,也可用于认证或合同目的,在满足顾客要求方面ISO 9000所关注的是质量管理的有效性。质量管理的基本要求如下:

(1) 施工企业应结合自身特点和质量管理需要,建立质量管理体系并形成文件。
(2) 施工企业应对质量管理中的各项活动进行策划。
(3) 施工企业应检查、分析、改进质量管理活动的过程和结果。

2. 质量管理的八大原则

ISO 9000族标准对八项质量管理原则作了清晰的表述,它是质量管理的最基本最通用的一般规律,适用于所有类型的产品和组织,是质量管理的理论基础。

八项质量管理原则是组织的领导者有效实施质量管理工作必须遵循的原则,同时也为从事质量管理的审核员和所有从事质量管理工作的人员学习、理解、掌握 ISO 9000 族标准提供帮助。

(1) 以顾客为关注焦点

组织依存于顾客。任何一个组织都应时刻关注顾客，将理解和满足顾客的要求作为首要工作考虑，并以此安排所有的活动，同时还应了解顾客要求的不断变化和未来的需求，并争取超越顾客的期望。

以顾客为关注焦点的原则主要包括以下几个方面的内容：

1) 要调查识别并理解顾客的需求和期望，还要使企业的目标与顾客的需求和期望相结合；

2) 要在组织内部沟通，确定全体员工都能理解顾客的需求和期望，并努力实现这些需求和期望；

3) 要测量顾客的满意程度，根据结果采取相应措施和活动。

4) 系统地管理好与顾客的关系，良好的关系有助于保持顾客的忠诚，提高顾客的满意程度。

(2) 领导作用

领导者应当创造并保持使员工能充分参与实现组织目标的内部环境，确保员工主动理解和自觉实现组织目标，以统一的方式来评估、协调和实施质量活动，促进各层次之间协调。

运用领导作用原则：

1) 要考虑所有相关方的需求和期望，同时在组织内部沟通，为满足所有相关方需求奠定基础。

2) 要确定富有挑战性的目标，要建立未来发展的蓝图。目标要有可测性、挑战性、可实现性。

3) 建立价值共享、公平公正和道德伦理概念，重视人才，创造良好的人际关系，将员工的发展方向统一到组织的方针目标上。

4) 为员工提供所需的资源和培训，并赋予其职责范围的自主权。

(3) 全员参与

各级人员的充分参与，才能使他们的才干为组织带来收益。人是管理活动的主体，也是管理活动的客体。质量管理是通过组织内部各职能各层次人员参与产品实现过程及支持过程来实施的，全员的主动参与极为重要。

1) 要让每个员工了解自身贡献的重要性。

2) 要在各自的岗位上树立责任感，发挥个人的潜能，主动地、正确地去处理问题，解决问题。

3) 要使每一个员工感到有成就感，意识到自己对组织的贡献，也看到工作中的不足，找到差距以求改进。

4) 要使员工积极地学习，增强自身的能力、知识和经验。

(4) 过程方法

将活动和相关的资源作为过程进行管理，可以更为高效地得到期望的结果。为使组织有效运作,必须识别和管理众多相互关联的过程,系统地识别和管理组织所应用的过程,特别是这些过程之间的相互作用,对于每一个过程作出恰当的考虑与安排,更加有效地使用资源、降低成本、缩短周期,通过控制活动进行改进,取得好的效果。采取的措施是:

1) 为了取得预期的结果,系统地识别所有活动。
2) 明确管理活动的职责和权限。
3) 分析和测量关键活动的能力。
4) 识别组织职能之间与职能内部活动的接口。
5) 注重能改进组织活动的各种因素,诸如资源、方法、材料等。

(5) 管理的系统方法

将相互关联的过程作为系统加以识别、理解和管理,有助于组织提高实现目标的有效性和效率。这是一种管理的系统方法。优点是可使过程相互协调,最大限度地实现预期的结果。应采取以下措施:

1) 建立一个最佳效果和最高效率的体系实现组织的目标。
2) 理解体系内务过程的相互依赖关系。
3) 理解为实现共同目标所必需的作用和责任。
4) 理解组织的能力,在行动前确定资源的局限性。
5) 设定目标,并确定如何运行体系中的特殊活动。
6) 通过测量和评估,持续改进体系。

(6) 持续改进

持续改进是组织的一个永恒的目标。事物是在不断发展的,持续改进能增强组织的适应能力和竞争力,使组织能适应外界环境变化,从而改进组织的整体业绩。

采取的措施是:

1) 持续改进组织的业绩。
2) 为员工提供有关持续改进的培训。
3) 将持续改进作为每位成员的目标。
4) 建立目标指导、测量和追踪持续改进。

(7) 基于事实的决策方法

有效的决策是建立在数据和信息分析的基础上,决策是一个行动之前选择最佳行动方案的过程。作为过程就应有信息和数据输入,输入信息和数据足够可靠,能准确地反映事实,则为决策方案奠定了重要的基础。

应用"基于事实的决策方案"可采取的措施:

1) 数据和信息精确和可靠。
2) 让数据/信息需要者都能得到信息/数据。
3) 正确分析数据。
4) 基于事实分析,做出决策并采取措施。

(8) 与供方互利的关系

任何一个组织都有其供方和合作伙伴,组织与供方是相互依存、互利的关系,合作得越来越好,双方都会获得效益。

采取的措施是：
1) 在对短期收益和长期利益综合平衡的基础上，确立与供方的关系。
2) 与供方或合作伙伴共享专门技术和资源。
3) 识别和选择关键供方。
4) 清晰与开放的沟通。
5) 对供方所做出的改进和取得的成果进行评价，并予以鼓励。

3. 装饰装修工程质量管理中实施 ISO 9000 标准的意义

通过一个公正的第三方认证机构对产品或质量管理体系做出正确、可信的评价，从而使他们对产品质量建立信心，对供需双方以及整个社会都有十分重要的意义。

（1）通过实施质量认证可以促进企业完善质量管理体系

企业要想获取第三方认证机构的质量管理体系认证或按典型产品认证制度实施的产品认证，都需要对其质量管理体系进行检查和完善，以保证认证的有效性，并在实施认证时，对其质量管理体系实施检查和评定中发生的问题，均需及时地加以纠正，所有这些都会对企业完善质量管理体系起到积极的推动作用。

（2）可以提高企业的信誉和市场竞争能力

企业通过了质量管理体系认证机构的认证，获取合格证书和标志并通过注册加以公布，从而也就证明其具有生产满足顾客要求产品的能力，能大大提高企业的信誉，增加企业市场竞争能力。

（3）有利于保护供需双方的利益

实施质量认证，一方面对通货产品质量认证或质量管理体系认证的企业准予使用认证标志或予以政策公布，使顾客了解哪些企业的产品质量是有保证的，从而可以引导顾客防止误购不符合要求的产品，起到保护消费者利益的作用。并且由于实施第三方认证，对于缺少测试设备、缺少有经验的人员或远离供方的用户来说带来了许多方便，同时也降低了进行重复检验和检查的费用。另一方面如果供方建立了完善的质量管理体系，一旦发生质量争议，也可以把质量管理体系作为自我保护的措施，较好地解决质量争议。

（4）有利于国际市场的开拓，增加国际市场的竞争能力

认证制度已发展成为世界上许多国家的普遍做法，各国的质量认证机构都在设法通过签定双边或多边认证合作协议，取得彼此之间的相互认可，企业一旦获得国际上有权威的认证机构的产品质量认证或质量管理体系注册，便会得到各国的认可，并可享受一定的优惠待遇，如免检、减免税和优价等。

三、施工质量计划的内容和编制方法

（一）质量策划的概念

质量策划的定义是：确定质量以及采用质量体系要素的目标和要求的活动。
(1) 产品策划：对质量特性进行识别、分类和比较，并建立其目标、质量要求和约束条件。
(2) 管理和作业策划：对实施质量体系进行准备，包括组织和安排。
(3) 编制质量计划和作出质量改进规定。

（二）施工质量计划的内容

施工质量计划的主要内容包括：
(1) 工程特点及施工条件（合同条件、法规条件和环境条件等）分析；
(2) 质量总目标及其分解目标；
(3) 质量管理组织机构和职责，人员及资源配置计划；
(4) 确定施工工艺与操作方法的技术方案和施工组织方案；
(5) 施工材料、设备等物质的质量管理及控制措施；
(6) 施工质量检验、检测、试验工作的计划安排及其实施方法与接收准则；
(7) 施工质量控制点及其跟踪控制的方式与要求；
(8) 质量记录的要求等。

（三）施工质量计划的编制方法

1. 施工质量计划的编制主体

施工质量计划应由自控主体即施工承包企业进行编制。在平行发包方式下，各承包单位应分别编制施工质量计划；在总分包模式下，施工总承包单位应编制总承包工程范围的施工质量计划；各分包单位编制相应分包范围的施工质量计划，作为施工总承包方质量计划的深化和组成部分。施工总承包方有责任对各分包方施工质量计划的编制进行指导和审核，并承担相应施工质量的连带责任。

2. 施工质量计划涵盖的范围

施工质量计划涵盖的范围，按整个工程项目质量控制的要求，应与建筑安装工程施工任务的实施范围相一致，以此保证整个项目建筑安装工程的施工质量总体受控；对具体施工任务承包单位而言，施工质量计划涵盖的范围，应能满足其履行工程承包合同质量责任的要求。建设工程项目的施工质量计划，应在施工程序、控制组织、控制措施、控制方式等方面，形成一个有机的质量计划系统，确保实现项目质量总目标和各分解目标的控制能力。

四、工程质量控制的方法

（一）影响工程质量的主要因素

建设工程项目质量的影响因素，主要是指在建设工程项目质量目标策划、决策和实现过程中影响质量形成的各种客观因素和主观因素，包括人的因素、技术因素、管理因素、环境因素和社会因素等。

1. 人的因素

人的因素对建设工程项目质量形成的影响，取决于两个方面：一是指直接履行建设工程项目质量职能的决策者、管理者和作业者个人的质量意识及质量活动能力；二是指承担建设工程项目策划、决策或实施的建设单位、勘察设计单位、咨询服务机构、工程承包企业等实体组织的质量管理体系及其管理能力。前者是个体的人，后者是群体的人。我国实行建筑业企业经营资质管理制度、市场准入制度、执业资格注册制度、作业及管理人员持证上岗制度等，从本质上说，都是对从事建设工程活动的人的素质和能力进行必要的控制。此外，《建筑法》和《建设工程质量管理条例》还对建设工程的质量责任制度作出明确规定，如规定按资质等级承包工程任务，不得越级、不得挂靠、不得转包，严禁无证设计、无证施工等，从根本上说也是为了防止因人的资质或资格失控而导致质量活动能力和质量管理能力失控。

2. 技术因素

影响建设工程项目质量的技术因素涉及的内容十分广泛，包括直接的工程技术和辅助的生产技术，前者如工程勘察技术、设计技术、施工技术、材料技术等，后者如工程检测检验技术、试验技术等。建设工程技术的先进程度，从总体上说取决于国家一定时期的经济发展和科技水平，取决于建筑业及相关行业的技术进步。对于具体的建设工程项目，主要是通过技术工作的组织与管理、优化技术方案、发挥技术因素对建设工程项目质量的保证作用。

3. 管理因素

影响建设工程项目质量的管理因素，主要是决策因素和组织因素，其中，决策因素首先是业主方的建设工程项目决策；其次是建设工程项目实施过程中，实施主体的各项技术决策和管理决策。实践证明，没有经过资源论证、市场需求预测，盲目建设，重复建设，建成后不能投入生产或使用，所形成的合格而无用途的建筑产品，从根本上是社会资源的极大浪费，不具备质量的适用性特征。同样，盲目追求高标准，缺乏质量经济性考虑的决策，也将对工程质量的形成产生不利的影响。

管理因素中的组织因素,包括建设工程项目实施的管理组织和任务组织。管理组织指建设工程项目管理的组织架构、管理制度及其运行机制,三者的有机联系构成了一定的组织管理模式,其各项管理职能的运行情况,直接影响着建设工程项目质量目标的实现。任务组织是指对建设工程项目实施的任务及其目标进行分解、发包、委托以及对实施任务所进行的计划、指挥、协调、检查和监督等一系列工作过程,从建设工程项目质量控制的角度看,建设工程项目管理组织系统是否健全、实施任务的组织方式是否科学合理,无疑将对质量目标控制产生重要的影响。

4. 环境因素

一个建设项目的决策、立项和实施,受到经济、政治、社会、技术等多方面因素的影响。这些因素就是建设项目可行性研究、风险识别与管理所必须考虑的环境因素。对于建设工程项目质量控制而言,直接影响建设工程项目质量的环境因素,一般是指建设工程项目所在地点的水文、地质和气象等自然环境;施工现场的通风、照明、安全、卫生防护设施等劳动作业环境;以及由多单位、多专业交叉协同施工的管理关系、组织协调方式、质量控制系统等构成的管理环境。对这些环境条件的认识与把握,是保证建设工程项目质量的重要工作环节。

5. 社会因素

影响建设工程项目质量的社会因素,表现在建设法律法规的健全程度及其执法力度,建设工程项目法人或业主的理性化程度以及建设工程经营者的经营理念,建筑市场包括建设工程交易市场和建筑生产要素市场的发育程度及交易行为的规范程度,政府的工程质量监督及行业管理成熟程度,建设咨询服务业的发展程度及其服务水准的高低,廉政建设及行风建设的状况等。

必须指出,作为建设工程项目管理者,不仅要系统认识和思考以上各种因素对建设工程项目质量形成的影响及其规律,而且要分清对于建设工程项目质量控制来说,哪些是可控因素,哪些是不可控因素。对于建设工程项目管理者而言,人、技术、管理和环境因素,是可控因素;社会因素存在于建设工程项目系统之外,一般情形下属于不可控因素,但可以通过自身的努力,尽可能做到趋利去弊。

(二) 施工质量控制的基本环节

施工质量控制应贯彻全面、全过程质量管理的思想,运用动态控制原理,进行质量的事前控制、事中控制和事后控制。

(1) 事前质量控制

即在正式施工前进行的事前主动质量控制,通过编制施工质量计划,明确质量目标,制定施工方案,设置质量管理点,落实质量责任,分析可能导致质量目标偏离的各种影响因素,针对这些影响因素制定有效的预防措施,防患于未然。

事前质量预控必须充分发挥组织的技术和管理方面的整体优势,把长期形成的先进技术、管理方法和经验智慧，创造性地应用于工程项目。

事前质量预控要求针对质量控制对象的控制目标、活动条件、影响因素进行周密分析，找出薄弱环节，制定有效的控制措施和对策。

(2) 事中质量控制

指在施工质量形成过程中，对影响施工质量的各种因素进行全面的动态控制。事中质量控制也称作业活动过程质量控制，包括质量活动主体的自我控制和他人监控的控制方式。自我控制是第一位的，即作业者在作业过程对自己质量活动行为的约束和技术能力的发挥，以完成符合预定质量目标的作业任务；他人监控是指作业者的质量活动过程和结果，接受来自企业内部管理者和企业外部有关方面的检查检验，如工程监理机构、政府质量监督部门等的监控。

事中质量控制的目标是确保工序质量合格，杜绝质量事故发生。控制的关键是坚持质量标准；控制的重点是工序质量、工作质量和质量控制点的控制。

(3) 事后质量控制

事后质量控制也称为事后质量把关，以使不合格的工序或最终产品（包括单位工程或整个工程项目）不流入下道工序、不进入市场。事后控制包括对质量活动结果的评价、认定；对工序质量偏差的纠正；对不合格产品进行整改和处理。控制的重点是发现施工质量方面的缺陷，并通过分析提出施工质量改进的措施，保持质量处于受控状态。

以上三大环节不是互相孤立和截然分开的，它们共同构成有机的系统过程，实质上也就是质量管理 PDCA 循环的具体化，在每一次滚动循环中不断提高，达到质量管理和质量控制的持续改进。

（三）施工准备阶段质量控制

1. 施工技术准备工作的质量控制

施工技术准备是指在正式开展施工作业活动前进行的技术准备工作。这类工作内容繁多，主要在室内进行，例如：熟悉施工图，组织设计交底和图纸审查，进行工程项目检查验收的项目划分和编号，审核相关质量文件，细化施工技术方案和施工人员、机具的配置方案，编制施工作业技术指导书，绘制各种施工详图（如测量放线图、大样图及配筋、配板等），进行必要的技术交底和技术培训。如果施工准备工作出错，必然影响施工进度和作业质量，甚至直接导致质量事故的发生。

技术准备工作的质量控制，包括对上述技术准备工作成果的复核审查，检查这些成果是否符合设计图纸和相关技术规范、规程的要求；依据经过审批的质量计划审查、完善施工质量控制措施；针对质量控制点，明确质量控制的重点对象和控制方法；尽可能地提高上述工作成果对施工质量的保证程度等。

2. 现场施工准备工作的质量控制

(1) 计量控制

这是施工质量控制的一项重要基础工作。施工过程中的计量，包括施工生产时的投料计量、施工测量、监测计量以及对项目、产品或过程的测试、检验、分析计量等。开工前要建立和完善施工现场计量管理的规章制度；明确计量控制责任者和配置必要的计量人员；严格按规定对计量器具进行维修和校验；统一计量单位，组织量值传递，保证量值统一，从而保证施工过程中计量的准确。

(2) 测量控制

工程测量放线是建设工程产品由设计转化为实物的第一步。施工测量质量的好坏，直接决定工程的定位和标高是否正确，并且制约施工过程有关工序的质量。因此，施工单位在开工前应编制测量控制方案，经项目技术负责人批准后实施。对建设单位提供的原始坐标点、基准线和水准点等测量控制点进行复核，并将复核结果上报监理工程师审核，批准后施工单位才能建立施工测量控制网，进行工程定位和标高基准的控制。

(3) 施工平面图控制

建设单位应按照合同约定并充分考虑施工的实际需要，事先划定并提供施工用地和现场临时设施用地的范围，协调平衡和审查批准各施工单位的施工平面设计。施工单位要严格按照批准的施工平面布置图，科学合理地使用施工场地，正确安装设置施工机械设备和其他临时设施，维护现场施工道路畅通无阻和通信设施完好，合理控制材料的进场与堆放，保持良好的防洪排水能力，保证充分的给水和供电。建设（监理）单位应会同施工单位制定严格的施工场地管理制度、施工纪律和相应的奖惩措施，严禁乱占场地和擅自断水、断电、断路，及时制止和处理各种违纪行为，并做好施工现场的质量检查记录。

(4) 工程质量检查验收的项目划分

一个建设工程项目从施工准备开始到竣工交付使用，要经过若干工序、工种的配合施工。施工质量的优劣，取决于各个施工工序、工种的管理水平和操作质量。因此，为了便于控制、检查、评定和监督每个工序和工种的工作质量，就要把整个项目逐级划分为若干个子项目，并分级进行编号，在施工过程中据此来进行质量控制和检查验收。这是进行施工质量控制的一项重要准备工作，应在项目施工开始之前进行。项目划分合理，有利于分清质量责任，便于施工人员进行质量自控和检查监督人员检查验收，也有利于质量记录等资料的填写、整理和归档。

根据《建筑工程施工质量验收统一标准》GB 50300—2001 的规定，建筑工程质量验收应逐级划分为单位（子单位）工程、分部（子分部）工程、分项工程和检验批。

（四）施工阶段的质量控制

施工过程的作业质量控制，是在工程项目质量实际形成过程中的事中质量控制。

建设工程项目施工是由一系列相互关联、相互制约的作业过程（工序）构成，因此施工质量控制，必须对全部作业过程，即各道工序的作业质量进行控制。从项目管理的角度看，工序作业质量的控制，首先是质量生产者即作业者的自控，在施工生产要素合格的条件下，作业者能力及其发挥的状况是决定作业质量的关键。其次，是来自作业者外部的各种作业质量检查、验收和对质量行为的监督，也是不可缺少的设防和把关的管理措施。

1. 工序施工质量控制

工序是人、材料、机械设备、施工方法和环境因素对工程质量综合起作用的过程,所以对施工过程的质量控制,必须以工序作业质量控制为基础和核心。因此,工序的质量控制是施工阶段质量控制的重点。只有严格控制工序质量,才能确保施工项目的实体质量。工序施工质量控制主要包括工序施工条件质量控制和工序施工效果质量控制。

(1) 工序施工条件控制

工序施工条件是指从事工序活动的各生产要素质量及生产环境条件。工序施工条件控制就是控制工序活动的各种投入要素质量和环境条件质量。控制的手段主要有:检查、测试、试验、跟踪监督等。控制的依据主要是:设计质量标准、材料质量标准、机械设备技术性能标准、施工工艺标准以及操作规程等。

(2) 工序施工效果控制

工序施工效果主要反映工序产品的质量特征和特性指标。对工序施工效果的控制就是控制工序产品的质量特征和特性指标能否达到设计质量标准以及施工质量验收标准的要求。工序施工效果控制属于事后质量控制,其控制的主要途径是:实测获取数据、统计分析所获取的数据、判断认定质量等级和纠正质量偏差。

按有关施工验收规范规定,在装饰装修工程中,幕墙工程的下列工序质量必须进行现场质量检测,合格后才能进行下道工序。

① 铝塑复合板的剥离强度检验。

② 石材的弯曲强度、室内用花岗石的放射性检测、寒冷地区石材的耐冻性。

③ 玻璃幕墙用结构胶的邵氏硬度、标准条件拉伸粘结强度、石材用密封胶的污染性检测。

④ 建筑幕墙的气密性、水密性、风压变形性能、层间变位性能检测。

⑤ 硅酮结构胶相容性检测。

2. 施工作业质量的自控

(1) 施工作业质量自控的意义

施工作业质量的自控,从经营的层面上说,强调的是作为建筑产品生产者和经营者的施工企业,应全面履行企业的质量责任,向顾客提供质量合格的工程产品;从生产的过程来说,强调施工作业者的岗位质量责任,向后道工序提供合格的作业成果(中间产品)。同理,供货厂商必须按照供货合同约定的质量标准和要求,对材料(设备)物资的供应过程实施产品质量自控。因此,施工承包方和供应方在施工阶段是质量自控主体,他们不能因为监控主体的存在和监控责任的实施而减轻或免除其质量责任。我国《建筑法》和《建设工程质量管理条例》规定:建筑施工企业对工程的施工质量负责,建筑施工企业必须按照工程设计要求、施工技术标准和合同的约定,对建筑材料、建筑构配件和设备进行检验,不合格的不得使用。

施工方作为工程施工质量的自控主体,既要遵循本企业质量管理体系的要求,也要根据其在所承建的工程项目质量控制系统中的地位和责任,通过具体项目质量计划的编制与实施,有效地实现施工质量的自控目标。

(2) 施工作业质量自控的程序

施工作业质量的自控过程是由施工作业组织的成员进行的,其基本的控制程序包括:作业技术交底、作业活动的实施和作业质量的自检自查、互检互查以及专职管理人员的质量检查等。

① 施工作业技术的交底

技术交底是施工组织设计和施工方案的具体化,施工作业技术交底的内容必须具有可行性和可操作性。从建设工程项目的施工组织设计到分部分项工程的作业计划,在实施之前都必须逐级进行交底,其目的是使管理者的计划和决策意图为实施人员所理解。施工作业交底是最基层的技术和管理交底活动,施工总承包方和工程监理机构都要对施工作业交底进行监督。作业交底的内容包括作业范围、施工依据、作业程序、技术标准和要领、质量目标以及其他与安全、进度、成本、环境等目标管理有关的要求和注意事项。

② 施工作业活动的实施

施工作业活动是由一系列工序所组成的。为了保证工序质量的受控,首先要对作业条件进行再确认,即按照作业计划检查作业准备状态是否落实到位,其中包括对施工程序和作业工艺顺序的检查确认,在此基础上,严格按作业计划的程序、步骤和质量要求展开工序作业活动。

③ 施工工程质量的检验

施工工程质量的质量检查,是贯穿整个施工过程的最基本的质量控制活动,包括施工单位内部的工序作业质量自检、互检、专检和交接检查,以及现场监理机构的旁站检查、平行检测等。施工工程质量检查是施工质量验收的基础,已完检验批及分部分项工程的施工质量,必须在施工单位完成质量自检并确认合格之后,才能报请现场监理机构进行检查验收。

前道工序工程质量经验收合格后,才可进入下道工序施工。未经验收合格的工序,不得进入下道工序施工。

(3) 施工工程质量自控的要求

工序施工质量是直接形成工程质量的基础,为达到对工序施工质量控制的效果,在加强工序管理和质量目标控制方面应坚持以下要求。

① 预防为主

严格按照施工质量计划的要求,进行各分部分项施工作业的部署,同时,根据施工作业的内容、范围和特点,制定施工质量控制计划,明确施工质量目标和工程质量技术要领,认真进行工程质量技术交底,落实各项技术组织措施。

② 重点控制

在施工作业计划中,一方面要认真贯彻实施施工质量计划中的质量控制点的控制措施,同时,要根据作业活动的实际需要,进一步建立工序质量控制点,深化工序质量的重点控制。

③ 坚持标准

工序施工人员在工序施工过程应严格进行质量自检,通过自检不断改进作业质量,并创造条件开展工序质量互检,通过互检加强技术与经验的交流。对已完工序的产品,即检验批或分部分项工程,应严格坚持质量标准。对不合格的施工质量,不得进行验收签证,必须按照规定的程序进行处理。

《建筑工程施工质量验收统一标准》GB 50300—2001 及配套使用的专业质量验收规范,是施工质量自控的合格标准。有条件的施工企业或项目经理部应结合自己的条件编制高于国家标准的企业内控标准或工程项目内控标准,或采用施工承包合同明确规定的更高标准列入质量计划中,努力提升工程质量水平。

④ 记录完整

施工图纸、质量计划、作业指导书、材料质保书、检验试验及检测报告、质量验收记录等,是形成可追溯性的质量保证依据,也是工程竣工验收所不可缺少的质量控制资料。因此,对工序作业质量,应有计划、有步骤地按照施工管理规范的要求进行填写记载,做到及时、准确、完整、有效,并具有可追溯性。

(4) 施工质量自控的有效制度

根据实践经验的总结,施工质量自控的有效制度有:

① 质量自检制度;

② 质量例会制度;

③ 质量会诊制度;

④ 质量样板制度;

⑤ 质量挂牌制度;

⑥ 每月质量讲评制度等。

3. 施工质量的监控

(1) 施工质量的监控主体

我国《建设工程质量管理条例》规定,国家实行建设工程质量监督管理制度。建设单位、监理单位、设计单位及政府的工程质量监督部门,在施工阶段依据法律法规和工程施工承包合同,对施工单位的质量行为和质量状况实施监督控制。

设计单位应当就审查合格的施工图纸设计文件向施工单位作出详细说明;应当参与建设工程质量事故分析,并对因设计造成的质量事故,提出相应的技术处理方案。

建设单位在领取施工许可证或者开工报告前,应当按照国家有关规定办理工程质量监督手续。

作为监控主体之一的项目监理机构,在施工作业实施过程中,根据其监理规划与实施细则,采取现场旁站、巡视、平行检验等形式,对施工质量进行监督检查,如发现工程施工不符合工程设计要求、施工技术标准和合同约定的,有权要求建筑施工企业改正。监理机构应进行检查而没有检查或没有按规定进行检查的,给建设单位造成损失时应承担赔偿责任。

必须强调,施工质量的自控主体和监控主体,在施工全过程相互依存、各尽其责,共同推动着施工质量控制过程的展开和最终实现工程项目的质量总目标。

(2) 现场质量检查

现场质量检查是施工质量的监控的主要手段。

① 现场质量检查的内容

A. 开工前的检查，主要检查是否具备开工条件，开工后是否能连续正常施工，能否保证工程质量。

B. 工序交接检查，对于重要的工序或对工程质量有重大影响的工序，应严格执行"三检"制度（即自检、互检、专检），未经监理工程师（或建设单位项目技术负责人）检查认可，不得进行下道工序施工。

C. 隐蔽工程的检查，施工中凡是隐蔽工程必须检查认证后方可进行隐蔽掩盖。

D. 停工后复工的检查，因客观因素停工或处理质量事故等停工复工时，经检查认可后方能复工。

E. 分项、分部工程完工后的检查，应经检查认可，并签署验收记录后，才能进行下一工序的施工。

F. 成品保护的检查，检查成品有无保护措施以及保护措施是否有效可靠。

② 现场质量检查的方法

A. 目测法

即凭借感官进行检查，也称观感质量检验，其手段可概括为"看、摸、敲、照"四个字。

看——就是根据质量标准要求进行外观检查，例如，清水墙面是否洁净，喷涂的密实度和颜色是否良好、均匀，工人的操作是否正常，抹灰的大面是否光滑、平整及口角是否平直，混凝土外观是否符合要求等。

摸——就是通过触摸手感进行检查、鉴别，例如油漆的光滑度，浆活是否牢固、不掉粉等。

敲——就是运用敲击工具进行音感检查，例如，对地面工程中的水磨石、面砖、石材饰面等，均应进行空鼓检查。

照——就是通过人工照明或反射光照射，检查难以看到或光线较暗的部位，例如，管道井、电梯井等内的管线、设备安装质量，装饰吊顶内连接及设备安装质量等。

B. 实测法

就是通过实测数据与施工规范、质量标准的要求及允许偏差值进行对照，以此判断质量是否符合要求，其手段可概括为"靠、量、吊、套"四个字。

靠——就是用直尺、塞尺检查诸如墙面、地面、路面等的平整度。

量——就是指用测量工具和计量仪表等检查断面尺寸、轴线、标高、湿度、温度等的偏差，例如，大理石板拼缝尺寸，摊铺沥青拌合料的温度，混凝土坍落度的检测等。

吊——就是利用托线板以及线锤吊线检查垂直度，例如，砌体垂直度检查、门窗的安装等。

套——是以方尺套方，辅以塞尺检查，例如，对阴阳角的方正、踢脚线的垂直度、预制构件的方正、门窗口及构件的对角线检查等。

C. 试验法

是指通过必要的试验手段对质量进行判断的检查方法，主要包括理化试验和无损检测两种。

(3) 技术核定与见证取样送检

① 技术核定

在建设工程项目施工过程中，因施工方对施工图纸的某些要求不甚明白，或图纸内部存在某些矛盾，或工程材料调整与代用，改变建筑节点构造、管线位置或走向等，需要通过设计单位明确或确认的，施工方必须以技术核定单的方式向监理工程师提出，报送设计单位核准确认。

② 见证取样送检

为了保证建设工程质量，我国规定对工程所使用的主要材料、半成品、构配件以及施工过程留置的试块、试件等应实行现场见证取样送检。见证人员由建设单位及工程监理机构中有相关专业知识的人员担任；送检的试验室应具备经国家或地方工程检验检测主管部门核准的相关资质；见证取样送检必须严格按执行规定的程序进行，包括取样见证记录、样本编号、填单、封箱、送试验室、核对、交接、试验检测、报告等。

检测机构应当建立档案管理制度。检测合同、委托单、原始记录、检测报告应当按年度统一编号，编号应当连续，不得随意抽撤、涂改。

4. 隐蔽工程验收与成品质量保护

(1) 隐蔽工程验收

凡被后续施工所覆盖的施工内容，如地基基础工程、钢筋工程、预埋管线等均属隐蔽工程。加强隐蔽工程质量验收，是施工质量控制的重要环节，其程序要求施工方首先应完成自检并合格，然后填写专用的《隐蔽工程验收单》。验收单所列的验收内容应与已完的隐蔽工程实物相一致，并事先通知监理机构及有关方面，按约定时间进行验收。验收合格的隐蔽工程由各方共同签署验收记录；验收不合格的隐蔽工程，应按验收整改意见进行整改后重新验收。严格隐蔽工程验收的程序和记录，对于预防工程质量隐患，提供可追溯质量记录具有重要作用。

(2) 施工成品质量保护

建设工程项目已完施工的成品保护，目的是避免已完施工成品受到来自后续施工以及其他方面的污染或损坏。已完施工的成品保护问题和相应措施，在工程施工组织设计与计划阶段就应该在施工顺序上进行考虑，防止施工顺序不当或交叉作业造成相互干扰、污染和损坏；成品形成后可采取防护、覆盖、封闭、包裹等相应措施进行保护。

(五) 设置施工质量控制点的原则和方法

施工质量控制点的设置是施工质量计划的重要组成内容，施工质量控制点是施工质量控制的重点对象。

1. 质量控制点的设置原则

质量控制点应选择那些技术要求高、施工难度大、对工程质量影响大或是发生质量问题时危害大的对象进行设置。一般选择下列部位或环节作为质量控制点：

(1) 对工程质量形成过程产生直接影响的关键部位、工序、环节及隐蔽工程。
(2) 施工过程中的薄弱环节,或者质量不稳定的工序、部位或对象。
(3) 对下道工序有较大影响的上道工序。
(4) 采用新技术、新工艺、新材料的部位或环节。
(5) 施工质量无把握的、施工条件困难的或技术难度大的工序或环节。
(6) 用户反馈指出的和过去有过返工的不良工序。

一般建筑工程质量控制点的设置可参考表4-1。

建筑工程质量控制点　　　　　　　　　　表4-1

分项工程	质量控制点设置
工程测量定位	标准轴线桩、水平桩、龙门板、定位轴线、标高
地基、基础（含设备基础）	基坑(槽)尺寸、标高、土质、地基承载力,基础垫层标高、基础位置、尺寸、标高,预留洞孔的位置、标高、规格、数量,基础杯口弹线
砌体	砌体轴线,皮数杆,砂浆配合比,预留洞孔、预埋件的位置、数量,砌块排列
模板	位置、标高、尺寸、预留洞孔位置、尺寸,预埋件的位置,模板的承载力、刚度和稳定性,模板内部清理及润湿情况
钢筋混凝土	水泥品种、强度等级,砂石质量,混凝土配合比,外加剂掺量,混凝土振捣,钢筋品种、规格、尺寸、搭接长度,钢筋焊接、机械连接,预留洞、孔及预埋件规格、位置、尺寸、数量,预制构件吊装或出厂(脱模)强度,吊装位置、标高、支承长度、焊缝长度
吊装	吊装设备的起重能力、吊具、索具、地锚
钢结构	翻样图、放大样
焊接	焊接条件、焊接工艺
装修	视具体情况而定

2. 质量控制点的重点控制对象

质量控制点的选择要准确,还要根据对重要质量特性进行重点控制的要求,选择质量控制点的重点部位、重点工序和重点的质量因素作为质量控制点的控制对象,进行重点预控和监控,从而有效地控制和保证施工质量。质量控制点的重点控制对象主要包括以下几个方面:

(1) 人的行为:某些操作或工序,应以人为重点的控制对象,如高空、高温、水下、易燃易爆、重型构件吊装作业以及操作要求高的工序和技术难度大的工序等,都应从人的生理、心理、技术能力等方面进行控制。

(2) 材料的质量与性能:这是直接影响工程质量的重要因素,在某些工程中应作为控制的重点,如钢结构工程中使用的高强度螺栓、某些特殊焊接使用的焊条,都应重点控制其材质与性能;又如水泥的质量是直接影响抹灰工程质量的关键因素,施工中就应对进场的水泥质量进行重点控制,必须检查核对其出厂合格证,并按要求进行凝结时间和安定性的复验等。

(3) 施工方法与关键操作:某些直接影响工程质量的关键操作应作为控制的重点,如吊顶工程中对吊杆的控制,吊杆的位置、间距、规格及连接方式是保证吊顶质量的关键点，同时，那些易对工程质量产生重大影响的施工方法，也应列为控制的重点，如天然石材饰面安装的方法是采用湿贴法还是干挂法。

（4）施工技术参数：如混凝土的外加剂掺量、水灰比，回填土的含水量，砌体的砂浆饱满度，防水混凝土的抗渗等级，建筑物沉降与基坑边坡稳定监测数据，大体积混凝土内外温差及混凝土冬期施工受冻临界强度等技术参数都是应重点控制的质量参数与指标。

（5）技术间歇：有些工序之间必须留有必要的技术间歇时间，如砌筑与抹灰之间，应在墙体砌筑后留28天时间，让墙体充分沉降、稳定、干燥，然后再抹灰，抹灰层干燥后，才能喷白、刷浆；混凝土浇筑与模板拆除之间，应保证混凝土有一定的硬化时间，达到规定拆模强度后方可拆除等。

（6）施工顺序：对于某些工序之间必须严格控制先后的施工顺序。

（7）易发生或常见的质量通病：如混凝土工程的蜂窝、麻面、空洞，墙、地面、屋面工程渗水、漏水、空鼓、起砂、裂缝等，都与工序操作有关，均应事先研究对策，提出预防措施。

（8）新技术、新材料及新工艺的应用：由于缺乏经验，施工时应将其作为重点进行控制。

（9）产品质量不稳定和不合格率较高的工序应列为重点，认真分析，严格控制。

（10）特殊地基或特种结构：对于湿陷性黄土、膨胀土等特殊土地基的处理，以及大跨度结构、高耸结构等技术难度较大的施工环节和重要部位，均应予以特别的重视。

3. 质量控制点的管理

设定了质量控制点，质量控制的目标及工作重点就更加明晰。

首先，要做好施工质量控制点的事前质量预控工作，包括：明确质量控制的目标与控制参数；编制作业指导书和质量控制措施；确定质量检查检验方式及抽样的数量与方法；明确检查结果的判断标准及质量记录与信息反馈要求等。

其次，要向施工作业班组进行认真交底，使每一个控制点上的作业人员明白作业规程及质量检验评定标准，掌握施工操作要领。施工过程中，相关技术管理和质量控制人员要在现场进行重点指导和检查验收。

同时，还要做好施工质量控制点的动态设置和动态跟踪管理。所谓动态设置，是指在工程开工前、设计交底和图纸会审时，可确定项目的质量控制点，随着工程的展开、施工条件的变化，随时或定期进行控制点的调整和更新。动态跟踪是应用动态控制原理，落实专人负责跟踪和记录控制点质量控制的状态和效果，并及时向企业管理组织的高层管理者反馈质量控制信息，保持施工质量控制点的受控状态。

对于危险性较大的分部分项工程或特殊施工过程，除按一般过程质量控制的规定执行外，还应由专业技术人员编制专项施工方案或作业指导书，经项目技术负责人审批及监理工程师签字后执行。超过一定规模的危险性较大的分部分项工程，还要组织专家对专项方案进行论证。作业前施工员、技术员做好交底和记录，使操作人员在明确工艺标准、质量要求的基础上进行作业。为保证质量控制点的目标实现，应严格按照三检制进行检查控制。在施工中发现质量控制点有异常时，应立即停止施工，召开分析会，查找原因采取对策予以解决。

施工单位应积极主动地支持、配合监理工程师的工作，应根据现场工程监理机构的要求，对施工作业质量控制点，按照不同的性质和管理要求，细分为"见证点"和"待检点"进行施工质量的监督和检查。凡属"见证点"的施工作业，如重要部位、特种作业、专门工艺等，施工方必须在该项作业开始前48h，书面通知现场监理机构到位旁站，见证施工作业过程；凡属"待检点"的施工作业，如隐蔽工程等，施工方必须在完成施工质量自检的基础上，提前48h通知项目监理机构进行检查验收，然后才能进行工程隐蔽或下道工序的施工。未经项目监理机构检查验收合格，不得进行工程隐蔽或下道工序的施工。

（六）确定装饰装修施工质量控制点

1. 室内防水工程的施工质量控制点

（1）厕浴间的基层（找平层）可采用1:3水泥砂浆找平，厚度20mm抹平压光、坚实平整，不起砂，要求基本干燥；泛水坡度应在2%以上，不得倒坡积水；在地漏边缘向外50mm内排水坡度为5%。

（2）浴室墙面的防水层不得低于1800mm。

（3）玻纤布的接槎应顺流水方向搭接，搭接宽度应不小于100mm，两层以上玻纤布的防水施工，上、下搭接应错开幅宽的二分之一。

（4）在墙面和地面相交的阴角处，出地面管道根部和地漏周围，应先做防水附加层。

2. 抹灰工程的施工质量控制点

（1）控制点

① 空鼓、开裂和烂根。

② 抹灰面平整度，阴阳角垂直、方正度。

③ 踢脚板和水泥墙裙等上口出墙厚度控制。

④ 接槎，颜色。

（2）预防措施

① 基层应清理干净，抹灰前要浇水湿润，注意砂浆配合比，使底层砂浆与楼板粘结牢固；抹灰时应分层分遍压实，施工完后及时浇水养护。

② 抹灰前要认真用托线板、靠尺对抹灰墙面尺寸预测摸底，安排好阴阳角不同两个面的灰层厚度和方正，认真做好灰饼、冲筋；阴阳角处用方尺套方，做到墙面垂直、平顺、阴阳角方正。

③ 踢脚板、墙裙施工操作要仔细，认真吊垂直、拉通线找直找方，抹完灰后用板尺将上口刮平、压实、赶光。

④ 要采用同品种、同强度等级的水泥，严禁混用，防止颜色不均；接槎应避免在块中，应甩在分格条处。

3. 门窗工程的施工质量控制点

(1) 控制点

① 门窗洞口预留尺寸。

② 合页、螺钉、合页槽。

③ 上下层门窗顺直度，左右门窗安装标高。

(2) 预防措施

① 砌筑时上下左右拉线找规矩，一般门窗框上皮应低于门窗过梁 10～15mm，窗框下皮应比窗台上皮高 5mm。

② 合页位置应距门窗上下端宜取立梃高度的 1/10；安装合页时，必须按画好的合页位置线开凿合页槽，槽深应比合页厚度大 1～2mm；根据合页规格选用合适的木螺钉，木螺钉可用锤打入 1/3 深后，再行拧入。

③ 安装人员必须按照工艺要点施工，安装前先弹线找规矩，做好准备工作后，先安样板，合格后再全面安装。

4. 饰面板（砖）工程的施工质量控制点（石材）

(1) 控制点

① 石材挑选，色差，返碱，水渍。

② 骨架安装或骨架防锈处理。

③ 石材安装高低差、平整度。

④ 石材运输、安装过程中磕碰。

(2) 预防措施

① 石材选样后进行封样，按照选样石材，对进场的石材检验挑选，对于色差较大的应进行更换。湿作业施工前应对石材侧面和背面进行返碱背涂处理。

② 严格按照设计要求的骨架固定方式，固定牢固，后置埋件应做现场拉拔试验，必须按要求刷防锈漆处理。

③ 安装石材应吊垂直线和拉水平线控制，避免出现高低差。

④ 石材在运输、二次加工、安装过程中注意不要磕碰。

5. 地面石材工程的施工质量控制点

(1) 控制点

① 基层处理。

② 石材色差，加工尺寸偏差，板厚差。

③ 石材铺装空鼓，裂缝，板块之间高低差。

④ 石材铺装平整度、缺棱掉角，板块之间缝隙不直或出现大小头。

(2) 预防措施

① 基层在施工前一定要将落地灰等杂物清理干净。

② 石材进场时必须进行检验与样板对照，并对石材每一块进行挑选检查，符合要求

的留下,不符合要求的放在一边。铺装前对石材与水泥砂浆交接面涂刷抗碱防护剂。

③ 石材铺装时应预铺,符合要求后正式铺装,保证干硬性砂浆的配合比和结合层砂浆的配合及涂刷时间,保证石材铺装下的砂浆饱满。

④ 石材铺装好后加强保护严禁随意踩踏,铺装时,应用水平尺检查。对缺棱掉角的石材应挑选出来,铺装时应拉线找直,控制板块的安装边平直。

6. 地面面砖工程的施工质量控制点

(1) 控制点
① 地面砖釉面色差及棱边缺损,面砖规格偏差翘曲。
② 地面砖空鼓、断裂。
③ 地面砖排版、砖缝不直、宽窄不均匀、勾缝不实。
④ 地面出现高低差,平整度。
⑤ 有防水要求的房间地面找坡、管道处套割。
⑥ 地面砖出现小窄边、破活。

(2) 预防措施
① 施工前地面砖需要挑选,将颜色、花纹、规格尺寸相同的砖挑选出来备用。
② 地面基层一定要清理干净,地砖在施工前必须提前浇水湿润,保证含水率,地面铺装砂浆时应先将板块试铺后,检查干硬性砂浆的密实度,安装时用橡皮锤敲实,保证不出现空鼓、断裂。
③ 地面铺装时一定要做出灰饼标高,拉线找直,水平尺随时检查平整度;擦缝要仔细。
④ 有防水要求的房间,按照设计要求找出房间的流水方向找坡;套割仔细。

7. 轻钢龙骨石膏板吊顶工程控制点

(1) 控制点
① 基层清理。
② 吊筋安装与机电管道等相接触。
③ 龙骨起拱。
④ 施工顺序。
⑤ 板缝处理。

(2) 预防措施
① 吊顶内基层应将模板、松散混凝土等杂物清理干净;
② 吊顶内的吊筋不能与机电、通风管道和固定件相接触或连接;
③ 当短向跨度≥4m 时,主龙骨按短向跨度 1/1000~3/1000 起拱;
④ 完成主龙骨安装后,机电等设备工程安装测试完毕;
⑤ 石膏板板缝之间应留楔口,表面粘玻璃纤维布。

8. 轻钢龙骨隔墙工程施工质量控制点

(1) 控制点
① 基层弹线。

② 龙骨的规格、间距。
③ 自攻螺钉的间距。
④ 石膏板间留缝。
(2) 预防措施
① 按照设计图纸进行定位并做预检记录。
② 检查隔墙龙骨的安装间距是否与交底相符合。
③ 自攻螺钉的间距控制在150mm左右，要求均匀布置。
④ 板块之间应预留缝隙保证在5mm左右。

9. 涂料工程的施工质量控制点

(1) 控制点
① 基层清理。
② 墙面修补不好，阴阳角偏差。
③ 墙面腻子平整度，阴阳角方正度。
④ 涂料的遍数、漏底、均匀度、刷纹等情况。
(2) 预防措施
① 基层一定要清理干净，有油污的应用10%的火碱水液清洗，松散的墙面和抹灰应清除，修补牢固。
② 墙面的空鼓、裂缝等应提前修补。
③ 涂料的遍数一定要保证，保证涂刷均匀；控制基层含水率。
④ 对涂料的稠度必须控制，不能随意加水等。

10. 裱糊工程施工质量控制点

(1) 控制点
① 基层起砂、空鼓、裂缝等问题。
② 壁纸裁纸准确度。
③ 壁纸裱糊气泡、皱褶、翘边、脱落、死塌等缺陷。
④ 表面质量。
(2) 预防措施
① 贴壁纸前应对墙面基层用腻子找平，保证墙面的平整度，并且不起灰，基层牢固。
② 壁纸裁纸时应搭设专用的裁纸平台，采用铝尺等专用工具。
③ 裱糊过程中应按照施工规程进行操作，必须润纸的应提前进行，保证质量；刷胶要均匀厚薄一致，滚压均匀。
④ 施工时应注意表面平整，因此先要检查基层的平整度；施工时应戴白手套；接缝要直，阴角处壁纸宜断开。

11. 木护墙、木筒子板细部工程的施工质量控制点

(1) 控制点
① 木龙骨、衬板防腐防火处理。

② 龙骨、衬板、面板的含水率要求。

③ 面板花纹、颜色，纹理。

④ 面板安装钉子间距，饰面板背面刷乳胶。

⑤ 饰面板变形、污染。

(2) 预防措施

① 木龙骨、衬板必须提前做防腐、防火处理。

② 龙骨、衬板、面板含水率控制在12%左右。

③ 面板进场时应加强检验，在施工前必须进行挑选，按设计要求的花纹达到一致，在同一墙面、房间要颜色一致。

④ 施工时应按照要求进行施工，注意检查。

⑤ 饰面板进场后，应刷底漆封一遍。

12. 水电安装工程施工质量控制点

(1) 水电安装工程施工质量控制点

1) 给排水工程

① 管道试压；

② 焊接管坡口；

③ 防腐；

④ 施工间隙甩口封堵；

⑤ 支架、吊架；

⑥ 排水管坡度；

⑦ 检查口、清扫口；

⑧ 穿楼面墙面套管；

⑨ 室外管网垫层、管基回填；

⑩ 持证上岗。

2) 电气工程

① 线管、线盒；

② 防雷跨接；

③ 等电位；

④ 室外电力管；

⑤ 配电箱；

⑥ 线缆敷设标识。

(2) 预防措施

1) 给排水工程

① 管道试压：室内给水管道的水压试验必须符合设计及《建筑给水排水及采暖工程施工质量验收规范》GB 50242—2002规定要求，当设计未说明时，各种材质的给水管道定位的试验压力均为工作压力的1.5倍，但不小于0.6MPa。

② 焊接管坡口：据管壁厚度超过4mm时就需坡口，其坡口要求为3m，不论用哪

种方法,坡口后管口20~40mm内的坡口表面必须清除脏、油渍和锈斑,直至露出金属本色。

③ 防腐:入场钢管需及时除锈刷防锈漆,埋地管道安装严格按照设计要求及《给水排水管道工程施工及验收规范》GB 50268—2008规定要求进行,焊接处可待试压合格后,并进行防腐处理。

④ 施工间隙甩口封堵:无论在任何施工现场埋地或预留管子的甩口必须用1.5mm或3mm铁板用电焊进行封堵,并用明显的标识,为下一道管道连接打好基础。严禁随意用胶纸和其他易损材料封堵甩口。

⑤ 支架、吊架:金属与支架焊接、造型、防腐、加工制作应符合《室内管道支架及吊架》03S402安装图集要求,安装应符合《建筑给排水及采暖工程施工质量验收规范》GB 50242规定。

⑥ 给排水管道坡度应满足表4-2、表4-3要求。

生活污水铸铁管道的坡度　　　　　　　　　　　　　表4-2

管径(mm)	标准坡度(‰)	最小坡度(‰)
50	35	25
75	25	15
100	20	12
125	15	10
150	10	7
200	8	5

生活污水塑料管道的坡度　　　　　　　　　　　　　表4-3

管径(mm)	标准坡度(‰)	最小坡度(‰)
50	25	12
75	15	8
110	12	6
125	10	5
160	7	4

⑦ 检查口、清扫口的设置:设计有规定时按设计要求设置,设计无规定时,应满足《建筑给水排水及采暖工程施工质量验收规范》GB 50242规定。直线管段上应按设计要求设置清扫口。

⑧ 穿楼面墙面套管:穿过楼面、墙面的套管要求标高、坐标符合设计要求,用点焊固定牢固,套管与管道同心。

⑨ 室外管网垫层及管基回填:埋深应根据设计和规范条文规定执行,管基必须牢固,支墩稳固,垫层符合设计要求。管基回填后严禁用大型、重型机械回填、碾压管网。

⑩ 持证上岗:安装电工、焊工(特种人员)必须持证上岗,若资格证未坚持年审,过期失效,视为无证上岗。

2) 电气工程

① 线管、线盒：绑扎符合设计要求及《建筑电气工程施工质量验收规范》GB 50303 规定。

② 防雷跨接：桩笼、地梁筋跨接点位、搭接长度单边＞12d，双边焊＞6d，要采用双面焊接，保证焊接质量。引下线连接、短路环、电气预留接地等必须符合有关防雷规范规定。

③ 等电位：与防雷引下线相连不少于2处，材质、规格符合设计要求，各种设备的防雷设施引下线不得串联，应盒内各自与接地体装置连接（并联）。

④ 室外电力管排列：待沟槽垫层形成后，电力管沿水平井走向将安放下去，从下至上排列整齐，管口伸出与井壁平，并做到预留口，口子封闭完全，连接插入深度不低于15mm，保证稳固，严禁随意搁放、重型机械碾压。

⑤ 配电箱：入户强、弱电箱安装平正，强、弱电箱间隔符合设计要求。

⑥ 线缆敷设标识：动力电缆、生活用电电缆、线等必须在投放前将规格型号、编组号、用途等设计回路标识清楚，标识应在井道、转弯处、直线距离30m处及设备连接端等部分设置。

13. 金属贴面工程施工质量控制点

(1) 施工质量控制点

① 吊直、套方、找规矩、弹线

② 固定骨架的连接件

③ 固定骨架

④ 金属饰面安装

⑤ 收口构造

(2) 预防措施

① 吊直、套方、找规矩、弹线：根据设计图纸的要求和几何尺寸，要对镶贴金属饰面板的墙面进行吊直、套方、找规矩并一次实测和弹线，确定饰面墙板的尺寸和数量。

② 固定骨架的连接件：骨架的横竖杆件是通过连接件与结构固定的，而连接件与结构之间，可以与结构的预埋件焊牢，也可以在墙上打膨胀螺栓。后一种方法比较灵活，尺寸误差较小，容易保证位置的准确性，因而实际施工中采用的比较多。

③ 固定骨架：骨架应预先进行防腐处理。安装骨架位置要准确，结合要牢固。安装后应全面检查中心线、表面标高等。对高层建筑外墙，为了保证饰面板的安装精度，宜用经纬仪对横竖杆件进行贯通。变形缝、沉降缝等应妥善处理。

④ 金属饰面安装：墙板每安装铺设10排墙板后，应吊线检查一次，以便及时消除误差。为了保证墙面外观质量，螺栓位置必须准确，并采用单面施工的钩形螺栓固定，使螺栓的位置横平竖直。易被划、碰的部位，应设安全栏杆保护。

⑤ 收口构造：水平部位的压顶、端部的收口、伸缩缝的处理、两种不同材料的交接处理等，用特制的两种材质性能相似的成型金属板进行妥善处理。

五、评价装饰装修工程主要材料的质量

所有材料进场时应对品种、规格、外观和尺寸进行验收。材料包装应完好，应有产品合格证书、中文说明书及相关性能的检测报告；进口产品应按规定进行商品检验。进场后需要进行复验的材料种类及项目应符合《建筑装饰装修工程质量验收规范》GB 50210 的规定，见表 5-1。同一厂家生产的同一品种、同一类型的进场材料应至少抽取一组样品进行复验，当合同另有约定时应按合同执行。

主要材料复试项目　　　　　　　　　　表 5-1

项次	子分部工程	复试项目
1	抹灰工程	水泥的凝结时间和安定性
2	门窗工程	1. 人造木板的甲醛含量； 2. 建筑外墙金属窗、塑料窗的抗风压性能、空气渗透性能和雨水渗漏性能
3	吊顶工程 轻质隔墙工程 细部工程	人造木板的甲醛含量
4	饰面板（砖）工程	1. 室内用花岗石的放射性； 2. 粘贴用水泥的凝结时间、安定性和抗压强度； 3. 外墙陶瓷面砖的吸水率； 4. 寒冷地区外墙陶瓷面砖的抗冻性
5	建筑地面工程	1. 粘贴用水泥的凝结时间、安定性和抗压强度； 2. 天然石材以及砖的放射性检测； 3. 地毯、人造板材、胶粘剂、涂料等材料有害物质限量检测
6	幕墙工程	1. 铝塑复合板的剥离强度； 2. 石材的弯曲强度；寒冷地区石材的耐冻融性能；室内用花岗石的放射性能； 3. 玻璃幕墙用结构胶的邵氏硬度、标准条件拉伸粘结强度、相容性试验；石材用结构胶的粘结强度；石材用密封胶的污染性

（一）饰面石材的外观质量、质量证明文件、复验报告

1. 天然石材

（1）花岗石质量应符合《天然花岗石建筑板材》GB/T 18601 标准的要求；放射性须符合《建筑材料放射性核素限量》GB 6566 中分类使用的规定。

天然花岗石普型板按规格尺寸偏差、平面度公差、角度公差及外观质量等，圆弧板按规格尺寸偏差、直线度公差、线轮廓度公差及外观质量等，分为优等品（A）、一等品

(B)、合格品（C）三个等级。

天然花岗石板材的技术要求包括规格尺寸允许偏差、平面度允许公差、角度允许公差、外观质量和物理性能，其中物理力学性能的要求为：体积密度应不小于 2.56g/cm³，吸水率不大于 0.6%，干燥压缩强度不小于 100MPa，弯曲强度不小于 8MPa，镜面板材的镜向光泽值应不低于 80 光泽单位或按供需双方协商规定。

（2）大理石质量应符合《天然大理石建筑板材》GB/T 19766 标准的要求。

天然大理石板材按板材的规格尺寸偏差、平面度公差、角度公差及外观质量分为优等品（A）、一等品（B）、合格品（C）三个等级。

天然大理石板材的技术要求包括规格尺寸允许偏差、平面度允许公差、角度允许公差、外观质量和物理性能，其中物理性能的要求为：体积密度应不小于 2.30g/cm³，吸水率不大于 0.50%，干燥压缩强度不小于 50MPa，弯曲强度不小于 7MPa，耐磨度不小于 10（1/cm³），镜面板材的镜向光泽值应不低于 70 光泽单位。

（3）天然砂岩质量应符合《天然砂岩建筑板材》GB/T 23452 标准的要求。

（4）天然石灰石质量应符合《天然石灰石建筑板材》GB/T 23453 标准的要求。

（5）板石质量应符合《天然板石》GB/T 18600 的规定。

（6）干挂石材应符合《干挂饰面石材及其金属挂件 第 1 部分：干挂饰面石材》JC 830.1 标准的要求。

（7）异型石材质量应符合《异型石材》JC/T 847 标准的要求。

2. 复合石材

（1）复合石材的物理力学性能应符合我国相关标准的规定。

（2）以花岗石为面材的复合石材的加工质量和外观质量可参照《天然花岗石建筑板材》GB/T 18601 标准。

（3）以大理石为面材的复合石材的加工质量和外观质量可参照《天然大理石建筑板材》GB/T 19766 标准。

（4）地面使用复合板时，宜采用陶瓷基复合板或石材基复合板，石材面板厚度不宜小于 5mm。

（5）超薄石材蜂窝板质量应符合以下要求：

1）表面应无裂纹、变形、局部缺陷及层间开裂现象。

2）同一批产品的颜色、花纹应基本一致。

3）背板表面须根据耐久设计年限进行防腐处理，并应符合：

① 背板为铝合金板时，铝合金板厚度不应小于 0.5mm，板材表面宜做耐指纹处理，涂层厚度不应小于 5μm。

② 背板为镀铝锌钢板时，镀铝锌钢板基板厚度不应小于 0.35mm，板材表面的铝锌涂层厚度不应小于 15μm。

③ 各类涂层均应无起泡、裂纹、剥落等现象。

4）超薄石材蜂窝板用于幕墙时，总厚度不宜小于 20mm。

5）石材面板宜进行防护处理。

6) 地面用超薄石材蜂窝板面板厚度不宜小于5mm。
7) 吊顶用超薄石材蜂窝板面板厚度不宜大于3mm。
8) 背板为镀铝合金板超薄石材蜂窝板的主要性能应符合表5-2规定。

背板为镀铝合金板超薄石材蜂窝板的主要性能　　　表5-2

序号	性能	单位	指标	检测标准和方法	备注
1	面密度	kg/m²	≤16.2		
2	弯曲强度	MPa	≥17.9	GB/T 17748	石材面朝上
3	压缩强度	MPa	≥1.31	GJB 130	
4	剪切强度	MPa	≥0.67	GJB 130	
5	粘结强度	MPa	≥1.23	GJB 130	
6	螺栓拉拔力	kN	≥3.2	GB 11718.9	
7	温度稳定性	120个循环	表面及粘合层无异常	(−25±2)℃ 2h~(50±2)℃2h 循环	
8	防火级别	级	B1	GB 8624	
9	抗疲劳性	1×10⁶次	无破坏	GB 3075	螺栓直径 M8
10	抗冲击性	10次	无破坏	GB 9963	钢球1kg；高度1m
11	平均隔声量	dB	32	GBJ 75—1984，面密度为16.2kg/m²	
12	热阻	(m²·K)/W	1.527	GB 10294	

9) 背板为镀铝锌钢板超薄石材蜂窝板的主要性能应符合表5-3规定。

背板为镀铝锌钢板超薄石材蜂窝板的主要性能　　　表5-3

序号	性能	单位	指标	检测标准和方法	备注
1	面密度	kg/m²	≤19.0		
2	弯曲强度	MPa	≥32.4	GB/T 17748	石材面朝上
3	压缩强度	MPa	≥1.37	GJB 130	
4	剪切强度	MPa	≥0.68	GJB 130	
5	粘结强度	MPa	≥2.56	GJB 130	
6	螺栓拉拔力	kN	≥3.5	GB 11718.9	
7	温度稳定性	120个循环	表面及粘合层无异常	(−35±2)℃ 2h~(80±2)℃2h 循环	
8	防火级别	级	B1	GB 8624	
9	抗疲劳性	1×10⁶次	无破坏	GB 3075	螺栓直径 M8
10	抗冲击性	10次	无破坏	GB 9963	钢球1kg；高度1m

3. 人造石材

（1）微晶玻璃应符合《建筑装饰用微晶玻璃》JC/T 872标准的规定。室外地面不宜选用微晶玻璃。

(2) 水磨石宜采用耐光、耐碱的矿物颜料，不得使用酸性颜料。

(3) 预制水磨石制品应符合《建筑水磨石制品》JC/T 507 标准的规定。

(4) 现制水磨石地面宜选用强度等级不低于 32.5 级的水泥，美术水磨石宜选用白水泥，防静电水磨石宜选用强度等级不低于 42.5 级的水泥。

(5) 现制水磨石地面宜选用白云石、大理石为石粒原料。石粒质量应符合《建筑用卵石、碎石》GB/T 14685 的要求。

(6) 防静电水磨石的力学性能应符合《建筑水磨石制品》JC/T 507 标准的规定，防静电性能应达到《防静电工作区技术要求》GJB 3007 标准要求。

(7) 防静电水磨石的专用材料包括：$1M\Omega$ 限流电阻；耐压 500 伏压敏电阻；铜质接地端子，正六面体对边距 20～22mm，高 10mm，中间为 $\phi 8mm$ 螺扣；表面电阻小于 $1\times 10^3 \Omega$ 且不溶于水的导电涂料，预制水磨石镀锡铜质导电带，有效截面积不小于 $2.5mm^2$，厚度 1.2mm。

(8) 防静电水磨石的其他材料包括：不溶于水的绝缘材料；现制水磨石需要 $4mm\times 40mm$ 镀锌扁钢；酸性清洗剂；特强封地剂；高级免擦面蜡；防静电蜡。

(9) 不发火水磨石制品用石粒应符合《建筑地面工程施工质量验收规范》GB 50209 要求。

(10) 实体面材应符合《实体面材》JC 908 标准的规定。

(11) PC 合成石板、PMC 聚合物改性水泥基合成石板、人造砂岩（砂雕）技术指标应符合表 5-4 的要求。

PC 合成石板、PMC 聚合物改性水泥基合成石板、人造砂岩（砂雕）主要性能表　表 5-4

性能指标	PC 合成石板	水泥基合成石板	PMC 聚合物改性水泥基合成石板	人造砂岩（砂雕）
抗弯强度（MPa）	≥10	≥8	≥10	≥20
抗压强度（MPa）	≥90	≥40	≥40	≥8
吸水率（%）	≤0.4	≤6.0	≤6.0	≤0.2
密度（g/cm³）	≥2.35	≥2.45	≥2.40	≥2.00

注：PC 合成石板、PMC 聚合物改性水泥基合成石板、人造砂岩（砂雕）目前国内尚无产品标准，其性能指标可依据 EN, ISO, UNI 相关标准。

4. 示例：天然花岗石的检查评价

(1) 天然花岗石外观质量判定

1) 同一批板材的色调应基本调和，花纹应基本一致。

2) 板材正面的外观缺陷应符合表 5-5 规定，毛光板外观缺陷不包括缺棱和缺角。

(2) 天然花岗石外观质量的检测方法

花纹色调：

将协议板与被检板材并列平放在地上，距板材 1.5m 站立目测。

缺陷：

用游标卡尺或能满足要求的量器具测量缺陷的长度、宽度，测量值精确到 0.01mm。

板材正面的外观缺陷　　　　　　　　　　　　　　　　　　　　表 5-5

缺陷名称	规定内容	技术指标		
		优等品	一等品	合格品
缺棱	长度≤10mm，宽度≤1.2mm，（长度≤5mm，宽度≤1.0mm 不计），周边每米长允许个数（个）	0	1	2
缺角	沿板材边长，长度≤3mm，宽度≤3mm，（长度≤2mm，宽度≤2mm 不计），每块板允许个数（个）		1	2
裂纹	长度不超过两端顺延至板边总长度的1/10（长度＜20mm 不计），每块板允许条数（条）		1	2
色斑	面积≤15mm×30mm（面积＜10mm×10mm 不计），每块板允许个数（个）		2	3
色线	长度不超过两端顺延至板边总长度的1/10（长度＜40mm 不计），每块板允许条数（条）		2	3

注：干挂板材不允许有裂纹存在

（二）木材及木制品的外观质量、质量证明文件、复验报告

1. 人造木板

（1）胶合板质量应符合《胶合板》GB/T 9846 的要求。普通胶合板按成品板上可见的材质缺陷和加工缺陷的数量和范围分为三个等级，即优等品、一等品和合格品。按使用环境条件分为Ⅰ类、Ⅱ类、Ⅲ类胶合板，Ⅰ类胶合板即耐气候胶合板，供室外条件下使用，能通过煮沸试验；Ⅱ类胶合板即耐水胶合板，供潮湿条件下使用，能通过 63±3℃热水浸渍试验；Ⅲ类胶合板即不耐潮胶合板，供干燥条件下使用，能通过干燥试验。

室内用胶合板按甲醛释放限量分为 E_0（可直接用于室内）、E_1（可直接用于室内）、E_2（必须饰面处理后方可允许用于室内）三个级别。

（2）纤维板可分为硬质、中密度、软质三种。中密度纤维板是在装饰工程中广泛应用的纤维板品种，分为普通型、家具型和承重型，质量应符合《中密度纤维板》CB/T 11718 的要求。

（3）刨花板质量应符合《刨花板》GB/T 4897 的要求。

（4）细木工板质量应符合《细木工板》GB/T 5849 的要求。

2. 实木地板

实木地板质量应符合《实木地板 第1部分：技术要求》GB/T 15036.1 的规定。实木地板的技术要求有分等、外观质量、加工精度、物理性能。其中物理力学性能指标有：含水率（7%≤含水率≤我国各地区的平衡含水率。同批地板试件间平均含水率最大值与最小值之差不得超过 4.0，同一板内含水率最大值与最小值之差不得超过 4.0）、漆板表面耐

磨、漆膜附着力和漆膜硬度。实木地板的活节、死节、蚀孔、加工波纹等外观要满足相应的质量要求,但仿古地板对此不做要求。根据产品的外观质量、物理性能,实木地板分为优等品、一等品和合格品。

3. 人造木地板

(1) 实木复合地板可分为三层复合实木地板、多层复合实木地板、细木工板复合实木地板。按质量等级分为优等品、一等品和合格品。实木复合地板质量应符合《实木复合地板》GB/T 18103 和《室内装饰装修材料 人造板及其制品甲醛释放限量》GB 18580 的规定。

(2) 浸渍纸层压木质地板(强化木地板)按材质分为高密度板、中密度板、刨花板为基材的强化木地板。按用途分为公共场所用(耐磨转数≥9000转)、家庭用(耐磨转数≥6000转)。按质量等级分为优等品、一等品和合格品。质量应符合《浸渍纸层压木质地板》GB/T 18102 和《室内装饰装修材料 人造板及其制品甲醛释放限量》GB 18580 的规定。

(3) 软木地板和软木复合地板应符合《软木类地板》LY/T 1657 和《室内装饰装修材料 人造板及其制品甲醛释放限量》GB 18580 的规定。

(4) 人造木地板按甲醛释放量分为 A 类(甲醛释放量≤9mg/100g),B 类(甲醛释放量>9~40mg/100g),采用穿孔法测试。按环保控制标准,Ⅰ类民用建筑的室内装修必须采用 E_1 类人造木地板。E_1 类的甲醛释放量≤0.12mg/m^3,采用气候箱法测试。

4. 示例:细木工板的检查评价

(1) 分等

按外观质量和翘曲度分为优等品、一等品和合格品。

(2) 外观质量

主要根据面板的材质缺陷和加工缺陷判定等级。以阔叶树材单板为表板的各等级细木工板允许缺陷见表 5-6。

阔叶树材细木工板外观分等的允许缺陷　　表 5-6

检量缺陷名称	检查项目	面板 细木工板等级			背板
		优等品	一等品	合格品	
(1) 针节	—	允许			
(2) 活节	最大单个直径(mm)	10	20	不限	
(3) 半活节、死节、夹皮	每平方米板面上总个数	不允许	4	6	不限
	半活节 最大单个直径(mm)		15 自 5 以下不计	不限	
	死节 最大单个直径(mm)		4 自 2 以下不计	15	不限
	夹皮 最大单个直径(mm)		20 自 5 以下不计	不限	

续表

检量缺陷名称	检量项目	面板 细木工板等级			背板
		优等品	一等品	合格品	
(4) 木材异常结构	—		允许		
(5) 裂缝	每米板宽内条数	不允许	1	2	
	最大单个宽度（mm）		1.5	3	6
	最大单个长度为板长的百分比（%）		10	15	20
(6) 虫孔、排钉孔、孔洞	最大单个直径（mm）	不允许	4	8	15
	每平方米板面上个数		4	不呈筛孔状不限	
(7) 变色	不超过板面积的百分比（%）	不允许	30	不限	
(8) 腐朽	—	不允许		允许初腐，但面积不超过板面积的1%	允许初腐
(9) 表板拼接离缝	最大单个宽度（mm）	不允许	0.5	1	2
	最大单个长度为板长的百分比（%）		10	30	50
	每米板宽内条数		1	2	不限
(10) 表板叠层	最大单个宽度（mm）	不允许		8	10
	最大单个长度为板长的百分比（%）			20	不限
(11) 芯板叠离	紧贴表板的芯板叠离 最大单个宽度（mm）	不允许	2	8	10
	每米板长内条数		2	不限	
	其他各层离缝的最大宽度（mm）		10		不限
(12) 鼓泡、分层	—		不允许		
(13) 凹陷、压痕、鼓包	最大单个面积（mm²）	不允许	50	400	不限
	每平方米板面上个数		1	4	
(14) 毛刺沟痕	不超过板面积的百分比（%）	不允许	1	20	不限
	深度		不允许穿透		
(15) 表板砂透	每平方米板面上不超过（mm²）	不允许		400	10000
(16) 透胶及其他人为污染	不超过板面积的百分比（%）	不允许	0.5	10	30
(17) 补片、补条	允许制作适当且填补牢固的，每平方米板面上的数	不允许	3	不限	不限
	不超过板面积的百分比（%）		0.5	3	
	缝隙不超过（mm）		0.5	1	2
(18) 内含铝质书钉	—		不允许		
(19) 板边缺损	自基本幅面内不超过（mm）	不允许		10	
(20) 其他缺陷	—	不允许	按最类似缺陷考虑		

浅色斑条按变色计算；一等品板深色斑条宽度不允许超过2mm，长度不允许超过20mm；桦木除优等品板外，允许有伪心材，但一等品板的色泽应调和；桦木一等品板不允许有密集的褐色或黑色髓斑；优等品和一等品板的异色边心材按变色计

以针叶树材单板为表板的各等级细木工板允许缺陷（略）。
以热带阔叶树材单板为表板的各等级细木工板允许缺陷（略）。
（3）规格尺寸和偏差
1）长度和宽度的偏差为 0+5mm，见表 5-7。

细木工板的宽度和长度（单位：mm）　　　　表 5-7

宽 度	长 度				
915	915	—	1830	2135	—
1220	—	1220	1830	2135	2440

2）厚度偏差应符合表 5-8 规定。

厚度偏差（单位：mm）　　　　表 5-8

基本厚度	不砂光		砂 光	
	每张板内厚度公差	厚度偏差	每张板内厚度公差	厚度偏差
≤16	1.0	±0.6	0.6	±0.4
>16	1.2	±0.8	0.8	±0.6

3）垂直度

相邻边垂直度不超过 1.0mm/m。

4）边缘直度

边缘直度不超过 1.0mm/m。

5）翘曲度

优等品不超过 0.1%，一等品不超过 0.2%，合格品不超过 0.3%。

6）波纹度

砂光表面波纹度不超过 0.3mm，不砂光表面波纹度不超过 0.5mm。

（4）板芯质量

1）相邻芯条接缝间距

沿板长度方向，相邻两排芯条的两个端接缝的距离不小于 50mm。

2）芯条长度

芯条长度不小于 100mm。

3）芯条宽厚比

芯条宽度与厚度之比不大于 3.5。

4）芯条侧面缝隙和芯条端面缝隙

芯条侧面缝隙不超过 1mm，芯条端面缝隙不超过 3mm。

5）板芯修补

板芯允许用木条、木块和单板进行加胶修补。

（三）建筑陶瓷材料的外观质量、质量证明文件、复验报告

1. 陶瓷砖

根据《陶瓷砖》GB/T 4100，陶瓷砖按材质分为瓷质砖（吸水率≤0.5%）、炻瓷砖（0.5%＜吸水率≤3%）、细炻砖（3%＜吸水率≤6%）、炻质砖（6%＜吸水率≤10%）、陶质砖（吸水率＞10%）。按成型方法分挤压砖、干压砖、其他方法成型的砖。以挤压陶瓷砖为例，见表5-9。

挤压陶瓷砖（E≤3%，AI类）外观质量　　　　表5-9

尺寸和表面质量		精细	普通	试验方法
长度和宽度	每块砖（2条或4条边）的平均尺寸相对于工作尺寸（w）的允许偏差/%	±1.0%，最大±2mm	±2%，最大±4mm	GB/T 3810.2
	每块砖（2条或4条边）的平均尺寸相对于10块砖（20条或40条边）平均尺寸的允许偏差/%	±1.0%	±1.5%	
	制造商选择工作尺寸应满足以下要求： a. 模数砖名义尺寸连接宽度允许在（3~11）mm之间 b. 非模数砖工作尺寸与名义尺寸之间的偏差不大于±3mm			
厚度 a. 厚度由制造商确定。 b. 每块砖厚度的平均值相对于工作尺寸厚度的允许偏差/%		±10%	±10%	
边直度（正面） 相对于工作尺寸的最大允许偏差/%		±0.5%	±0.6%	
直角度 相对于工作尺寸的最大允许偏差/%		±1.0%	±1.0%	
表面平整度最大允许偏差	a. 相对于由工作尺寸计算的对角线的中心弯曲度	±0.5%	±1.5%	
	b. 相对于工作尺寸的边弯曲度	±0.5%	±1.5%	
	c. 相对于由工作尺寸计算的对角线的翘曲度	±0.8%	±1.5%	
表面质量			至少95%的砖主要区域无明显缺陷	

2. 陶瓷卫生产品

根据《卫生陶瓷》GB 6952，陶瓷卫生产品根据材质分为瓷质卫生陶瓷（吸水率要求不大于0.5%）和陶质卫生陶瓷（吸水率大于或等于8.0%，小于15.0%）。陶瓷卫生产品的技术要求分为一般要求、功能要求和便器配套性技术要求。

（1）陶瓷卫生产品的主要技术指标是吸水率，它直接影响到洁具的清洗性和耐污性。普通卫生陶瓷吸水率在1%以下，高档卫生陶瓷吸水率要求不大于0.5%。

(2) 耐急冷急热要求必须达到标准要求。

(3) 节水型和普通型坐便器的用水量（便器用水量是指一个冲水周期所用的水量）分别不大于 6L 和 9L；节水型和普通型蹲便器的用水量分别不大于 8L 和 11L，小便器的用水量分别不大于 3L 和 5L。

(4) 卫生洁具要有光滑的表面，不宜沾污。便器与水箱配件应成套供应。

(5) 水龙头合金材料中的铅等金属的含量符合《卫生陶瓷》GB 6952 的要求。

(6) 大便器安装要注意排污口安装距（下排式便器排污口中心至完成墙的距离；后排式便器排污口中心至完成地面的距离），小便器安装要注意安装高度。

（四）建筑玻璃的外观质量、质量证明文件、复验报告

建筑玻璃的外观质量和性能应符合下列国家现行标准的规定：《普通平板玻璃》GB 4871；《浮法玻璃》GB 11614；《夹层玻璃》GB 9962；《钢化玻璃》GB/T 9963；《中空玻璃》GB 11944；《吸热玻璃》JC/T 536；《夹丝玻璃》JC 433；《防弹玻璃》GB 17840；《建筑用安全玻璃防火玻璃》GB 15763.1。

以普通平板玻璃为例，其技术要求如下：

(1) 普通平板玻璃按厚度分：2、3、4、5mm 四类，按等级分：优等品、一等品、合格品三类。

(2) 厚度偏差应符合表 5-10 规定。

厚度偏差（单位：mm）　　　　　　　　　　　　　表 5-10

厚　度	允许偏差
2	±0.20
3	±0.20
4	±0.20
5	±0.25

(3) 尺寸偏差，长 1500mm 以内（含 1500mm）不得超过±3mm，长超过 1500mm 不得超过±4mm。

(4) 尺寸偏斜，长 1000mm，不得超过±2mm。

(5) 弯曲度不得超过 0.3%。

(6) 边部凸出残缺部分不得超过 3mm，一片玻璃只许有一个缺角，沿原角等分线测量不得超过 5mm。

(7) 可见光总透过率不得低于表 5-11 规定。

可见光总透过率　　　　　　　　　　　　　表 5-11

厚度（mm）	可见光透射比（%）
2	88
3	87
4	86
5	84

玻璃表面不许有擦不掉的白雾状或棕黄色的附着物。

（8）外观质量应符合表 5-12 的分等要求。

外观质量　　　　　　　　　　　　　　　　　表 5-12

缺陷种类	说　明	优等品	一等品	合格品
波筋（包括波纹辊子花）	不产生变形的最大入射角	60°	45° 50mm 边部，30°	30° 100mm，0°
气泡	长度 1mm 以下	集中的不许有	集中的不许有	不限
	长度大于 1mm 的每平方米允许个数	≤6mm，6	≤8mm，8 >8～10mm，2	≤10mm，12 >10～20mm，2 >20～25mm，1
划伤	宽≤0.1mm 每平方米允许条数	长≤50mm，3	长≤100mm，5	不限
	宽>0.1mm，每平方米允许条数	不许有	宽≤0.4mm，长<100mm，1	宽≤0.8mm，长<100mm，3
砂粒	非破坏性的，直径 0.5～2mm，每平方米允许个数	不许有	3	8
疙瘩	非破坏性的疙瘩波及范围直径不大于 3mm，每平方米允许个数	不许有	1	3
线道	正面可以看到的每片玻璃允许条数	不许有	30mm 边部宽≤0.5mm，1	宽≤0.5mm，2
麻点	表现呈现的集中麻点	不许有	不许有	每平方米不超过 3 处
	稀疏的麻点	10	15	30

（9）玻璃 15mm 边部，一等品、合格品允许有任何非破坏性缺陷。

（10）玻璃不允许有裂口存在。

（五）建筑胶粘剂的外观质量、质量证明文件、复验报告

建筑装饰装修用胶粘剂可以分为水基型胶粘剂、溶剂型胶粘剂及其他胶粘剂。其中水基型胶粘剂包含了聚乙酸乙烯酯乳液胶粘剂（俗称白乳胶）、水溶性聚乙烯醇建筑胶粘剂（俗称 108 胶、801 胶）和其他水基型胶粘剂；溶剂型胶粘剂包含了橡胶胶粘剂、聚氨酯胶粘剂（俗称 PU 胶）和其他溶剂型胶粘剂，见表 5-13。室内装饰装修材料胶粘剂中有害物质限量应符合 GB 18583 的规定，见表 5-14、表 5-15。

产品种类及其标准　　　　　　　　　　　　　　表 5-13

产品种类名称		产品标准
水基型胶粘剂	聚乙酸乙烯酯乳液胶粘剂	GB 18583—2008、HG/T 2727—1995
	水溶性聚乙烯醇建筑胶粘剂	GB 18583—2008、JC/T 438—2006
	其他水基型胶粘剂	GB 18583—2008

续表

产品种类名称		产品标准
溶剂型胶粘剂	橡胶胶粘剂	GB 18583—2008、HG/T 3738—2004、LY/T 1206—2008
	聚氨酯胶粘剂	GB 18583—2008、HG/T 2814—2009
	其他溶剂型胶粘剂	GB 18583—2008
其他胶粘剂		GB 18583—2008

溶剂型胶粘剂中有害物质限量值应符合表 5-14 的规定。

溶剂型胶粘剂中有害物质限量值　　　表 5-14

项目	指标		
	橡胶胶粘剂	聚氨酯类胶粘剂	其他胶粘剂
游离甲醛/(g/kg)≤	0.5	—	—
苯(g/kg)/≤	5		
甲苯＋二甲苯/(g/kg)≤	200		
甲苯二异氰酸酯/(g/kg)≤	—	10	—
总挥发性有机物/(g/L)≤	750		

注：苯不能作为溶剂使用，作为杂质其最高含量不得大于表的规定

水基型胶粘剂中有害物质限量值应符合表 5-15 的规定。

水基型胶粘剂中有害物质限量值　　　表 5-15

项目	指标				
	缩甲醛类胶粘剂	聚乙酸乙烯酯胶粘剂	橡胶类胶粘剂	聚氨酯类胶粘类	其他胶粘剂
游离甲醇/(g/kg)≤	1	1	1	—	1
苯/(g/kg)≤	0.2				
甲苯＋二甲苯/(g/kg)≤	10				
总挥发性有机物/(g/L)≤	50				

用于室内装饰装修材料的胶粘剂产品，必须在包装上标明标准规定的有害物质名称及其含量。

（六）无机胶凝材料的外观质量、质量证明文件、复验报告

1. 水泥

（1）必须是由有国家批准的生产厂家，具有资质证明；每批供应的水泥必须具有出厂合格证；进口的水泥必须有商检报告；

（2）同一生产厂家、同一等级、同一品种、同一批号且连续进场的水泥，袋装不超过

200t 为一批，散装不超过 500t 为一批，不足时也按一批计。进入现场的每一批水泥必须封样送检复试；

(3) 存放期超过 3 个月必须进行复检；

(4) 复验项目：水泥的凝结时间、安定性和抗压强度；

(5) 进入施工现场每一批水泥应标识品种、规格、数量、生产厂家、日期、检验状态和使用部位，并码放整齐。

2. 石灰

石灰膏在使用前应进行陈伏。由块状生石灰熟化而成的石灰膏，一般应在储灰坑中陈伏 2 周左右。石灰膏在陈伏期间，表面应覆盖有一层水，以隔绝空气，避免与空气中的二氧化碳发生碳化反应。

3. 石膏板

石膏板的质量应符合《装饰石膏板》JC/T 799—2007、《纸面石膏板》GB/T 9775—2008，《嵌装式装饰石膏板》JC/T 800—2007 的规定。

4. 示例：纸面石膏板

（1）外观质量

1）纸面石膏板板面平整，不应有影响使用的波纹、沟槽、亏料、漏料和划伤、破损、污痕等缺陷。

2）在光照明亮的条件下，在距试样 0.5m 处进行检查，记录每张板材上影响使用的外观质量情况，以五张板材中缺陷最严重的那张板材的情况作为该组试样的外观质量。

（2）尺寸偏差：板材的尺寸偏差应符合表 5-16 的规定。

纸面石膏板尺寸偏差（单位：mm）　　　表 5-16

项 目	长 度	宽 度	厚 度	
			9.5	≥12
尺寸偏差	−6～0	−5～0	±0.5	±0.6

（七）建筑涂料的外观质量、质量证明文件、复验报告

涂饰工程所选用的建筑涂料的各项性能应符合下述产品标准的技术指标：

(1) 合成树脂乳液砂壁状建筑涂料 JG/T 24；

(2) 合成树脂乳液外墙涂料 GB/T 9755；

(3) 合成树脂乳液内墙涂料 GB/T 9756；

(4) 溶剂型外墙涂料 GB/T 9757；

(5) 复层建筑涂料 GB/T 9779；

(6) 外墙无机建筑涂料 JG/T 25；

(7) 饰面型防火涂料通用技术标准 GB 12441；
(8) 水泥地板用漆 HG/T 2004；
(9) 水溶性内墙涂料 JC/T 423；
(10) 多彩内墙涂料 JG/T 003；
(11) 聚氨酯清漆 HG 2454；
(12) 聚氨酯磁漆 HG/T 2660。

1. 木器涂料

木器涂料必须符合《室内装饰装修材料溶剂型木器涂料中有害物质限量》GB 18581、《室内装饰装修材料水性木器涂料中有害物质限量》GB 24410 国家标准的要求。

2. 内墙涂料

内墙涂料可分为乳液型内墙涂料（包括丙烯酸酯乳胶漆、苯-丙乳胶漆、乙烯-醋酸乙烯乳胶漆）和其他类型内墙涂料（包括复层内墙涂料、纤维质内墙涂料、绒面内墙涂料等）。内墙涂料必须符合《室内装饰装修材料内墙涂料中有害物质限量》GB 18582 国家标准的要求。

3. 外墙涂料

外墙涂料分为溶剂型外墙涂料（包括过氯乙烯、苯乙烯焦油、聚乙烯醇缩丁醛、丙烯酸酯、丙烯酸酯复合型、聚氨酯系外墙涂料）、乳液型外墙涂料（包括薄质涂料纯丙乳胶漆、苯-丙乳胶漆、乙-丙乳胶漆和厚质涂料、乙-丙乳液厚涂料、氯-偏共聚乳液厚涂料）、水溶性外墙涂料（以硅溶胶外墙涂料为代表）、其他类型外墙涂料（包括复层外墙涂料和砂壁状涂料）。外墙涂料必须符合《建筑用外墙涂料中有害物质限量》GB 24408 国家标准的要求。

（八）建筑装饰装修塑料的外观质量、质量证明文件、复验报告

1. 塑料装饰板材

按原材料的不同，可分为塑料金属复合板、硬质 PVC 板、三聚氰胺层压板、玻璃钢板、塑铝板、聚碳酸酯采光板、有机玻璃装饰板等。按结构和断面形式可分为平板、波形板、实体异形断面板、中空异形断面板、格子板、夹芯板等类型。

2. 塑料壁纸

以聚氯乙烯壁纸为例，具体如下。
(1) 宽度和每卷长度：
成品壁纸的宽度为 530±5mm 或 900－1000±10mm。

530mm 宽的成品壁纸每卷长度为 10＋0.05m。900－1000mm 宽的成品壁纸每卷长度为 50＋0.50m。

其他规格尺寸由供需双方协商或以标准尺寸的倍数供应。

(2) 每卷段数和段长：

10m/卷的成品壁纸每卷为一段。

50m/卷的成品壁纸每卷的段数及其段长应符合表 5-17 的规定。

聚氯乙烯壁纸成品壁纸每卷的段数及其段长　　　　　　表 5-17

级　别	每卷段数　　不多于	最小段长　　不小于
优等品	2 段	10m
一等品	3 段	3m
合格品	6 段	3m

(3) 外观质量要求应符合表 5-18 的规定。

聚氯乙烯壁纸外观质量要求　　　　　　表 5-18

等级＼名称	优等品	一等品	合格品
色差	不允许有	不允许有明显差异	允许有差异，但不影响使用
伤痕和皱折	不允许有		允许基纸有明显折印，但壁纸表面不许有死折
气泡	不允许有		不允许有影响外观的气泡
套印精度	偏差不大于 0.7mm	偏差不大于 1mm	偏差不大于 2mm
露底	不允许有		允许有 2mm 的露底，但不允许密集
漏印	不允许有		不允许有影响外观的漏印
污染点	不允许有	不允许有目视明显的污染点	允许有目视明显的污染点，但不允许密集

（九）建筑装饰装修用金属材料的外观质量、质量证明文件、复验报告

1. 建筑用轻钢龙骨 GB 11981

(1) 产品分类

墙体龙骨主要规格分 Q50、Q75、Q100。

吊顶龙骨主要规格分 D38、D45、D50、D60。

(2) 外观质量

龙骨外形要求平整、棱角清晰，切口不允许有毛刺和变形。镀锌层不允许有起皮、起瘤、脱落等缺陷。对于腐蚀、损伤、黑斑、麻点等缺陷，按照规定方法检测时，应符合表 5-19 的规定。

建筑用轻钢龙骨外观质量 表 5-19

缺陷种类	优等品	一级品	合格品
腐蚀、损伤、黑斑、麻点	不允许	无较严重的腐蚀、损伤、麻点。面积不大于 1cm² 的黑斑每 m 长度内不多于 3 处	

(3) 表面防锈

龙骨表面应进行防锈，其双面镀锌量和双面镀锌层厚度应不小于表 5-20 规定。

双面镀锌量和双面镀锌层厚度 表 5-20

项 目	优等品	一级品	合格品
双面镀锌量（g/cm²）	120	100	80
双面镀锌层厚度（μm）	16	14	12

注：镀锌防锈的最终裁定以双面镀锌量为准。

2. 铝合金型材

(1) 产品尺寸允许偏差：

型材尺寸允许偏差分为普通级、高精级、超高精级三个等级。具体偏差见《铝合金建筑型材》GB/ 5237。

(2) 外观质量

1) 型材表面应整洁，不允许有裂纹、起皮、腐蚀和气泡等缺陷存在。

2) 型材表面允许有轻微的压坑、碰伤、擦伤和划伤存在，但其允许深度见表 5-21；由模具造成的纵向挤压痕深度，见表 5-22。

型材表面缺陷允许深度（单位：mm） 表 5-21

状态	缺陷允许深度，不大于	
	装饰面	非装饰面
T5	0.03	0.07
T4、T6	0.06	0.10

模具挤压痕允许深度（单位：mm） 表 5-22

合金牌号	模具挤压痕深度，不大于
6005、6061	0.06
6060、6063、6063A、6463、6463A	0.03

3) 型材端头允许有因锯切产生的局部变形，其纵向长度不应超过 10mm。

(3) 检验结果的判定及处理

1) 化学成分不合格时，判该批不合格。

2) 尺寸偏差不合格时，判该批不合格，但允许逐根检验，合格者交货。

3) 外观质量不合格时，判该件不合格。

4) 力学性能试验结果有任一试样不合格时，应从该批（炉）型材（包括原不合格的型材）中重取双倍数量的试样重复试验，重复试验结果全部合格，则判整批型材合格，若重复试验结果仍有试样不合格时，则判该批型材不合格，或进行重复热处理，重新取样。

（十）案例分析

（1）背景

某装饰公司承接了哈尔滨市某宾馆的室内、外装饰工程，其中，客房室内地面采用地毯铺贴，大堂地面采用花岗石，大堂室外入口上方局部为玻璃幕墙，采用进口硅酮结构密封胶，其余外墙为加气混凝土砌块镶贴陶瓷砖。施工过程中施工单位对新进场外墙陶瓷砖和内墙砖的吸水率进行了复试。

（2）问题

1）进口硅酮结构密封胶使用前应提供哪些质量证明文件和报告？

2）外墙陶瓷砖复试还应包括哪些项目，是否需要进行内墙砖吸水率复试？

3）该地面工程中应复试哪些项目？

（3）分析

1）进口硅酮结构密封胶使用前应提供产品合格证、中文说明书、相关性能的检测报告和提供商检报告。

2）外墙陶瓷砖抗冻性、水泥凝结时间、安定性和抗压强度复试应补做。不需复验内墙砖吸水率。

3）地面工程中应对花岗石的放射性、地毯有害物质限量、粘贴用水泥的凝结时间、安定性和抗压强度进行复试。

六、装饰装修施工试验的内容、方法和判定标准

（一）外墙饰面砖粘结强度

1. 带饰面砖的预制墙板进入施工现场后，应对饰面砖粘结强度进行复验

复验应以每 1000m² 同类带饰面砖的预制墙板为一个检验批，不足 1000m² 应按 1000m² 计，每批应取一组，每组应为 3 块板，每块板应制取 1 个试样对饰面砖粘结强度进行检验。

2. 现场粘贴外墙饰面砖应符合下列要求

（1）施工前应对饰面砖样板件粘结强度进行检验。监理单位应从粘贴外墙饰面砖的施工人员中随机抽选一人，在每种类型的基层上应各粘贴至少 1m² 饰面砖样板件，每种类型的样板件应各制取一组 3 个饰面砖粘结强度试样。应按饰面砖样板件粘结强度合格后的粘结料配合比和施工工艺严格控制施工过程。

（2）现场粘贴的外墙饰面砖工程完工后，应对饰面砖粘结强度进行检验。现场粘贴饰面砖粘结强度检验应以每 1000m² 同类墙体饰面砖为一个检验批，不足 1000m² 应按 1000m² 计，每批应取一组 3 个试样，每相邻的三个楼层应至少取一组试样，试样应随机抽取，取样间距不得小于 500mm。

3. 粘结强度检验评定

（1）现场粘贴的同类饰面砖，当一组试样均符合下列两项指标要求时，其粘结强度应定为合格；当一组试样均不符合下列两项指标要求时，其粘结强度应定为不合格；当一组试样只符合下列两项指标的一项要求时，应在该组试样原取样区域内重新抽取两组试样检验，若检验结果仍有一项不符合下列指标要求时，则该组饰面砖粘结强度应定为不合格：

1）每组试样平均粘结强度不应小于 0.4MPa；
2）每组可有一个试样的粘结强度小于 0.4MPa，但不应小于 0.3MPa。

（2）带饰面砖的预制墙板，当一组试样均符合下列两项指标要求时，其粘结强度应定为合格；当一组试样均不符合下列两项指标要求时，其粘结强度应定为不合格；当一组试样只符合下列两项指标的一项要求时，应在该组试样原取样区域内重新抽取两组试样检验，若检验结果仍有一项不符合下列指标要求时，则该组饰面砖粘结强度应定为不合格：

1) 每组试样平均粘结强度不应小于 0.6MPa；
2) 每组可有一个试样的粘结强度小于 0.6MPa，但不应小于 0.4MPa。

（二）饰面板后置埋件的现场拉拔强度

混凝土结构后锚固工程质量应进行抗拔承载力的现场检验。锚栓抗拔承载力现场检验可分为非破坏性检验和破坏性检验。对于一般结构构件及非结构构件，可采用非破坏性检验；对于重要结构构件及生命线工程非结构构件，应采用破坏性检验。

1. 试件选取

同规格，同型号，基本相同部位的锚栓组成一个检验批。抽取数量按每批锚栓总数的 1‰计算，且不少于 3 根。

2. 检验结果评定

非破坏性检验荷载下，以混凝土基材无裂缝、锚栓或植筋无滑移等宏观裂损现象，且 2min 持荷期间荷载降低≤5%时为合格。当非破坏性检验为不合格时，应另抽不少于 3 个锚栓做破坏性检验判断。

（三）建筑外门窗气密性、水密性、抗风压性能现场检测

1. 试件数量

相同类型、结构及规格尺寸的试件，应至少检测三樘。

2. 气密性能

（1）分级指标

采用在标准状态下，压力差为 10Pa 时的单位开启缝长空气渗透量 q_1 和单位面积空气渗透量 q_2 作为分级指标。

（2）分级指标值

分级指标绝对值 q_1 和 q_2 的分级见表 6-1。

建筑外门窗气密性能分级表　　表 6-1

分级	1	2	3	4	5	6	7	8
单位缝长分级指标值 q_1/[m³/(m·h)]	$4.0 \geqslant q_1 > 3.5$	$3.5 \geqslant q_1 > 3.0$	$3.0 \geqslant q_1 > 2.5$	$2.5 \geqslant q_1 > 2.0$	$2.0 \geqslant q_1 > 1.5$	$1.5 \geqslant q_1 > 1.0$	$1.0 \geqslant q_1 > 0.5$	$q_1 \leqslant 0.5$
单位面积分级指标值 q_2/[m³/(m²·h)]	$12 \geqslant q_2 > 10.5$	$10.5 \geqslant q_2 > 9.0$	$9.0 \geqslant q_2 > 7.5$	$7.5 \geqslant q_2 > 6.0$	$6.0 \geqslant q_2 > 4.5$	$4.5 \geqslant q_2 > 3.0$	$3.0 \geqslant q_2 > 1.5$	$q_2 \leqslant 1.5$

3. 水密性能

（1）分级指标

采用严重渗漏压力差值的前一级压力差值作为分级指标。

（2）分级指标值

分级指标值 ΔP 的分级见表6-2。

建筑外门窗水密性能分级表 （单位：Pa） 表6-2

分级	1	2	3	4	5	6
分级指标值 ΔP	$100 \leqslant \Delta P < 150$	$150 \leqslant \Delta P < 250$	$250 \leqslant \Delta P < 350$	$350 \leqslant \Delta P < 500$	$500 \leqslant \Delta P < 700$	$\Delta P \geqslant 700$

注：第6级应在分级后同时注明具体检测压力差值。

4. 抗风压性能

（1）分级指标

采用定级检测压力差值 P_3 为分级指标。

（2）分级指标值

分级指标值 P_3 的分级见表6-3。

建筑外门窗抗风压性能分级表 （单位：kPa） 表6-3

分级	1	2	3	4	5	6	7	8	9
分级指标值 P_3	$1.0 \leqslant P_3 < 1.5$	$1.5 \leqslant P_3 < 2.0$	$2.0 \leqslant P_3 < 2.5$	$2.5 \leqslant P_3 < 3.0$	$3.0 \leqslant P_3 < 3.5$	$3.5 \leqslant P_3 < 4.0$	$4.0 \leqslant P_3 < 4.5$	$4.5 \leqslant P_3 < 5.0$	$P_3 \geqslant 5.0$

注：第9级应在分级后同时注明具体检测压力差值

（四）水泥混凝土和水泥砂浆强度

检验同一施工批次、同一配合比水泥混凝土和水泥砂浆强度的试块，应按每一层（或检验批）建筑地面工程不少于1组。当每一层（或检验批）建筑地面工程面积大于1000m²时，每增加1000m²应增做1组试块；小于1000m²按1000m²计算，取样1组；检验同一施工批次、同一配合比的散水、明沟、踏步、台阶、坡道的水泥混凝土、水泥砂浆强度的试块，应按每150延长米不少于1组。强度等级应符合设计要求。

（五）有防水要求地面蓄水试验、泼水试验

厕浴间防水层施工完毕，检查防水隔离层应采用蓄水方法，蓄水深度最浅处不得小于10mm，蓄水时间不得少于24h；蓄水前临时堵严地漏或排水口部位，确认无渗漏时再做保护层或面层。饰面层完工后还应在其上继续做第二次24小时蓄水试验，以最终无渗漏时为合格方可验收。检查有防水要求的建筑地面的面层应采用泼水方法，不得有倒坡积水

现象。

（六）案 例 分 析

(1) 背景

某装饰公司，承接一家庭装修工程，开工以前该公司对卫生间做了 24 小时蓄水试验，发现卫生间地面与立墙交接部位积水，防水层渗漏，积水沿管道壁向下渗漏。经过现场查看，该卫生间为现浇钢筋混凝土楼板并做了涂料防水层，然后做了水泥砂浆保护层。

(2) 问题

1) 试分析渗漏原因。

2) 卫生间蓄水试验的要求是什么？

(3) 分析

1) 卫生间坡度不正确，排水不畅，存在倒泛水、积水现象。

2) 卫生间内穿楼板套管、穿楼板管道的洞口填嵌质量不合格。

3) 管道周围虽然做附加层防水，但粘贴高度不够，接口处密封不严密。

4) 防水层做完后做 24 小时蓄水试验，面层做完后做二次 24 小时蓄水试验，蓄水深度应符合要求。

七、装饰装修工程质量问题的分析、预防及处理方法

（一）施工质量问题的分类与识别

建设工程质量问题通常分为工程质量缺陷、工程质量通病、工程质量事故等三类。

(1) 工程质量缺陷

工程质量缺陷是指建筑工程施工质量中不符合规定要求的检验项或检验点，按其程度可分为严重缺陷和一般缺陷。严重缺陷是指对结构构件的受力性能或安装使用性能有决定性影响的缺陷；一般缺陷是指对结构构件的受力性能或安装使用性能无决定性影响的缺陷。

(2) 工程质量通病

工程质量通病是指各类影响工程结构、使用功能和外形观感的常见性质量损伤。犹如"多发病"一样，故称质量通病。

(3) 工程质量事故

工程质量事故是指对工程结构安全、使用功能和外形观感影响较大、损失较大的质量损伤。

1) 工程质量事故的分类

工程质量事故的分类方法较多，目前国家根据工程质量事故造成的人员伤亡或者直接经济损失，工程质量事故分为4个等级：

① 特别重大事故，是指造成30人以上死亡，或者100人以上重伤，或者1亿元以上直接经济损失的事故；

② 重大事故，是指造成10人以上30人以下死亡，或者50人以上100人以下重伤，或者5000万元以上1亿元以下直接经济损失的事故；

③ 较大事故，是指造成3人以上10人以下死亡，或者10人以上50人以下重伤，或者1000万元以上5000万元以下直接经济损失的事故；

④ 一般事故，是指造成3人以下死亡，或者10人以下重伤，或者100万元以上1000万元以下直接经济损失的事故。

本等级划分所称的"以上"包括本数，所称的"以下"不包括本数。

2) 工程质量事故常见的成因

① 违背建设程序；

② 违反法规行为；

③ 地质勘察失误；

④ 设计差错;
⑤ 施工与管理不到位;
⑥ 使用不合格的原材料、制品及设备;
⑦ 自然环境因素;
⑧ 使用不当。

(二) 常见的质量问题（通病）

建筑装饰装修工程常见的施工质量缺陷有：空、裂、渗、观感效果差等。装饰装修工程各分部（子分部）、分项工程施工质量缺陷详见表7-1。

装饰装修工程各分部（子分部）、分项工程施工质量缺陷　　　　表7-1

序号	分部（子分部）、分项工程名称	质量通病
1	地面工程	水泥地面起砂、空鼓、泛水、渗漏等；板块地面、天然石材地面色泽、纹理不协调，泛碱、断裂、地面砖爆裂拱起、板块类地面空鼓等；木、竹地板地面表面不平整、拼缝不严、地板起鼓等
2	抹灰工程	一般抹灰：抹灰层脱层、空鼓，面层：爆灰、裂缝、表面不平整、接搓和抹纹明显等； 装饰抹灰除一般抹灰存在的缺陷外，还存在色差、掉角、脱皮等
3	门窗工程	木门窗：安装不牢固、开关不灵活、关闭不严密、安装留缝大、倒翘等； 金属门窗：划痕、碰伤、漆膜或保护层不连续；框与墙体之间的缝隙封胶不严密；表面不光滑、顺直，有裂纹；扇的橡胶密封条或毛毡密封条脱槽；排水孔不畅通等
4	吊顶工程	(1) 吊杆、龙骨和饰面材料安装不牢固； (2) 金属吊杆、龙骨的接缝不均匀，角缝不吻合，表面不平整、翘曲、有锤印；木质吊杆、龙骨不顺直、劈裂、变形； (3) 吊顶内填充的吸声材料无防散落措施； (4) 饰面材料表面不洁净、色泽不一致，有翘曲、裂缝及缺损
5	轻质隔墙工程	墙板材安装不牢固、脱层、翘曲，接缝有裂缝或缺损
6	饰面板（砖）工程	安装（粘贴）不牢固、表面不平整、色泽不一致、裂痕和缺损、石材表面泛碱
7	涂饰工程	泛碱、咬色、流坠、疙瘩、砂眼、刷纹、漏涂、透底、起皮和掉粉
8	裱糊工程	拼接、花饰不垂直，花饰不对称，离缝或亏纸，相邻壁纸（墙布）搭缝，翘边，壁纸（墙布）空鼓，壁纸（墙布）死折，壁纸（墙布）色泽不一致
9	细部工程	橱柜制作与安装工程：变形、翘曲、损坏、面层拼缝不严密； 窗帘盒、窗台板、散热器罩制作与安装工程：窗帘盒安装上口下口不平、两端距窗洞口长度不一致，窗台板水平度偏差大于2mm，安装不牢固、翘曲，散热器罩弯曲、不平； 木门窗套制作与安装工程：安装不牢固、翘曲，门窗套线条不顺直、接缝不严密、色泽不一致； 护栏和扶手制作与安装工程：护栏安装不牢固、护栏和扶手转角弧度不顺、护栏玻璃选材不当等

（三）质量问题的原因分析

建筑装饰装修工程施工质量问题产生的原因是多方面的，其施工质量缺陷原因分析应针对影响施工质量的五大要素（4M1E：人、机械、材料、施工方法、环境条件），运用排列图、因果图、调查表、分层法、直方图、控制图、散布图、关系图法等统计方法进行分析，确定建筑装饰装修工程施工质量问题产生的原因。主要原因有五方面：

（1）企业缺乏施工技术标准和施工工艺规程。

（2）施工人员素质参差不齐，缺乏基本理论知识和实践知识，不了解施工验收规范。质量控制关键岗位人员缺位。

（3）对施工过程控制不到位，未做到施工按工艺、操作按规程、检查按规范标准，对分项工程施工质量检验批的检查评定流于形式，缺乏实测实量。

（4）工业化程度低。

（5）违背客观规律，盲目缩短工期和抢工期，盲目降低成本等。

（四）质量问题的处理方法

及时纠正：一般情况下，建筑装饰装修工程施工质量问题出现在工程验收的最小单位——检验批，施工过程中应早发现，并针对具体情况，制定纠正措施，及时采用返工、有资质的检测单位检测鉴定、返修或加固处理等方法进行纠正；通过返修或加固处理仍不能满足安全使用要求的分部工程、单位（子单位）工程严禁验收。

合理预防：担任项目经理的建筑工程专业建造师在主持施工组织设计时，应针对工程特点和施工管理能力，制定装饰装修工程常见质量问题的预防措施。

1. 识别室内防水工程的质量缺陷并能分析处理

室内防水部位主要位于厕浴厨房间，其设备多、管道多、阴阳转角多、施工工作面小，是用水最频繁的地方，同时也是最易出现渗漏的地方。厕浴厨房间的渗漏主要发生在房间的四周、地漏周围、管道周围及部分房间中部。究其原因，主要是设计考虑不周，材料选择不佳，施工时结构层（找平层）处理得不好或防水层做得不到位，管理、使用不当等原因造成的。

（1）地面汇水倒坡

1）原因分析：地漏偏高，地面不平有积水，无排水坡度甚至倒流。

2）处理方法：凿除偏高，修复防水层，铺设面层（按照要求进行地面找坡），重新安装地漏，地漏接口处嵌填密封材料。

3）防治措施

① 地面坡度要求距排水点最远距离控制在2%，且不大于30mm，坡度要准确。

② 严格控制地漏标高，且应低于地面标高5mm；厕浴厨房间地面应比走廊及其他室内地面低20mm。

③ 地漏处的汇水口应呈喇叭口形,要求排水畅通。禁止地面有倒坡或积水现象。

(2) 墙身返潮和地面渗漏

1) 原因分析

① 墙面防水层设计高度偏低。

② 地漏、墙角、管道、门口等处结合不严密,造成渗漏。

2) 处理方法

① 墙身返潮,应将损坏部位凿除并清理干净,用 1∶2.5 防水砂浆修补。

② 如果墙身和地面渗漏严重,需将面层及防水层全部凿除,重新做找平层、防水层、面层。

3) 防治措施

① 墙面上设有水器时,其防水高度为 1500mm;淋浴处墙面防水高度不应大于 1800mm。

② 墙体根部与地面的转角处找平层应做成钝角。

③ 预留洞口、孔洞、埋设的预埋件位置必须正确、可靠。地漏、洞口、预埋件周边必须设有防渗漏的附加层防水措施。

④ 防水层施工时,应保持基层干净、干燥,确保涂膜防水与基层粘结牢固。

(3) 地漏周边渗漏

1) 原因分析:承口杯与基体及排水管接口结合不严密,防水处理过于简陋,密封不严。

2) 处理方法

① 地漏口局部偏高,可剔除高出部分,重新做地漏,并注意和原防水层搭接好,地漏和翻口外沿嵌填密封材料并封闭严实。

② 地漏损坏,应重做地漏。

③ 地漏周边与基体结合不严渗漏,在其周边剔凿出宽度和深度均不小于 20mm 的沟槽,清理干净,槽内嵌填密封材料,其上涂刷 2 遍合成高分子防水涂料。

3) 防治措施

① 安装地漏时,应严格控制标高,不可超高。

② 要以地漏为中心,向四周辐射找好坡度,坡向要准确,确保地面排水迅速、畅通。

③ 安装地漏时,按设计及施工规范进行施工,结点防水处理得当。

(4) 立管四周渗漏

1) 原因分析

① 立管与套管之间未嵌入防水密封材料,且套管与地面相平,导致立管四周渗漏。

② 施工人员不认真,或防水、密封材料质量差。

③ 套管与地面相平,导致立管四周渗漏。

2) 处理方法

① 套管损坏应及时更换并封口,所设套管要高出地面大于 20mm,并进行密封处理。

② 如果管道根部积水渗漏,应沿管根部剔凿出宽度和深度均不小于 20mm 的沟槽,清理干净,槽内嵌填密封材料,并在管道与地面交接部位涂刷管道高度及地面水平宽度不

小于100mm、厚度不小于1mm无色或同色的合成高分子防水涂料。

③ 管道与楼地面间裂缝小于1mm,应将裂缝部位清理干净,绕管道及根部涂刷2遍合成高分子防水涂料,其涂刷高度和宽度不小于100mm、厚度不小于1mm。

3) 防治措施

① 穿楼板的立管应按规定预埋套管。

② 立管与套管之间的环隙应用密封材料填塞密实。

③ 套管高度应比设计地面高出20mm以上;套管周边做同高度的细石混凝土防水保护墩。

案例分析

(1) 背景

某城中村改造安置工程,混合结构六层。卫生间楼板现浇钢筋混凝土,楼板嵌固墙体内;交付使用不久,用户普遍反映卫生间顶棚漏水。

(2) 问题

1) 试分析顶棚渗漏原因。

2) 如何预防卫生间顶棚漏水?

(3) 分析

1) 渗漏原因

① 防水层质量不合格,如找平层质量不合格和未修补基层、未认真清扫找平层,造成防水层起泡、剥离。

② 防水层遭破坏。

2) 预防措施

① 涂膜防水层做完之后,要严格加以保护,在保护层未做之前,任何人员不得进入,也不得在卫生间内堆积杂物,以免损坏防水层。

② 防水层施工后,进行蓄水试验。蓄水深度必须高于标准地面20mm,24h不渗漏为止,如有渗漏现象,可根据渗漏具体部位进行修补,甚至于全部返工。防水工程作为地面子分部工程的一个分项工程,监理公司应对其作专项验收。未进行验收或未通过验收的不得进入下道工序施工,更不得进入竣工验收。

2. 识别抹灰工程常见的质量缺陷并能分析处理

一般抹灰指石灰砂浆、水泥砂浆、水泥混合砂浆、聚合物水泥砂浆、膨胀珍珠岩水泥砂浆及麻刀石灰膏、纸筋石灰膏等墙面、顶棚的抹灰;装饰抹灰指水磨石、斩假石、干粘石、假面砖、喷涂、滚涂、弹涂等墙(柱、地)面、顶棚饰面的抹灰。

一般建筑物或建筑物外装饰部位,常用水泥砂浆饰面。但因各种原因,常出现空鼓、裂缝,接槎有明显抹纹、色泽不匀,阳台、雨篷、窗台等抹灰饰面在水平和垂直方向不一致,分格缝不直不平、缺棱错缝及雨水污染墙面等通病。

(1) 抹灰空鼓、裂缝

1) 原因分析

① 基层处理不好,清扫不干净,墙面浇水不透或不匀,影响该层砂浆与基层的粘结

性能。

② 一次抹灰太厚或各层抹灰层间隔时间太短收缩不匀，或表面撒水泥粉。

③ 夏季施工砂浆失水过快或抹灰后没有适当浇水养护以及冬季施工受冻。

2) 防治措施

① 抹灰前，应将基层表面清扫干净，脚手眼等孔洞填堵严实；混凝土墙表面凸出较大的地方应事先剔平刷净；蜂窝、凹洼、缺棱掉角处，应先刷一道 1:4＝107 胶:水的胶水溶液，再用 1:3 水泥砂浆分层填补；加气混凝土墙面缺棱掉角和板缝处，宜先刷掺水泥重量 20% 的 108 胶的素水泥浆一道，再用 1:1:6 混合砂浆修补抹平。基层墙面应于施工前一天浇水，要浇透浇匀，让基层吸足一定的水分，使抹上底子灰后便于用刮杠刮平，搓抹时砂浆还潮湿柔软为宜。

② 表面较光滑的混凝土墙面和加气混凝土墙面：抹灰前宜先涂刷一道 108 胶素水泥浆粘结层，增加与光滑基层的砂浆粘结能力。

③ 室外抹灰，一般长度较长（如檐口、勒脚等），高度较高（如柱子，墙垛、窗间墙等），为不显接槎，防止抹灰砂浆收缩开裂，一般需设计分格缝。

④ 夏季应避免在日光曝晒下进行抹灰。罩面成活后第二天应浇水养护，并养护 7d 以上。

⑤ 窗台抹灰一般常在窗台中间部位出现一条或多条裂缝，其主要原因是窗口处墙身与窗间墙自重大小不同，传递到基础上的力也就不同，当基础刚度不足时，产生的沉降量就不同，由沉降差使窗台中部位产生负弯矩而导致窗台抹灰裂缝。雨水容易从裂缝中渗透，导致膨胀或冻胀，使抹灰层空鼓，严重时会脱落。要避免窗台抹灰后裂缝问题，除从设计上加强基础刚度，设置地梁、圈梁外，尽可能推迟抹窗台时间，使结构沉降稳定后进行。同时加强抹灰层养护，减少收缩。

(2) 接槎有明显抹纹、色泽不匀

1) 原因分析

墙面没有分格或分格太大；抹灰留槎位置不正确；罩面灰压光操作方法不当，砂浆原材料不一致，没有统一配料，浇水不均匀。

2) 防治措施

抹面层时要注意接槎部位操作，避免发生高低不平、色泽不一致等现象；接槎位置应留在分格条处或阴阳角、水落管等处；阳角抹灰应用反贴八字尺的方法操作。

室外抹灰面积较大，罩面抹纹不易压光，尤其在阳光下观看，稍有些抹纹就很显眼，影响墙面外观效果，因此室外抹水泥砂浆墙面宜做成毛面，不宜抹成光面。用木抹子搓抹毛面时，要做到轻重一致，先以圆圈形搓抹，然后上下抽拉，方向要一致，不然表面会出现色泽深浅不一、起毛纹等问题。

(3) 分格缝不直不平，缺棱错缝

1) 原因分析

没有拉通线，统一在底灰上弹水平和垂直分格线；木分格条浸水不透，使用后变形；粘贴分格条和起分格条时操作不当，造成缝口两边缺棱角或错缝。

2) 防治措施

① 柱子等短向分格缝,对每个柱子要统一找标高,拉通线弹出水平分格线,柱子侧面要用水平尺引过去,保证水平,窗间墙竖向分层分格缝,几个层段应统一吊线分块。

② 分格条使用前要在水中泡透。水平分格条一般应粘在水平线下边,竖向分格条一般应粘在垂直线左侧,以便于检查其准确度,防止发生错缝、不平现象。分格条两侧抹八字形水泥砂浆固定时,在水平线处应先抹下侧一面,当天抹罩面灰压光后就可起出的,分格条两侧可抹成45°,如当时不罩面的,应抹陡一些成60°坡,待水泥砂浆达到一定强度后才能起出分格条。面层压光时应将分格条上水泥砂浆清刷干净,以免起条时损坏墙面。

(4) 墙体与门窗框交接处抹灰层空鼓、裂缝脱落

1) 原因分析

① 基层处理不当。

② 操作不当:预埋木砖(件)位置不当,数量不足。

③ 砂浆品种选择不当。

2) 防治措施

① 不同基层材料交汇处宜铺钉钢板网,每边搭接长度应大于10cm。

② 门洞每侧墙体内预埋木砖不少于三块,木砖尺寸应与标准砖相同,并经防腐处理,预埋位置正确。

③ 门窗框塞缝宜采用混合砂浆,塞缝前先浇水湿润,缝隙过大时,应分层多次填嵌,砂浆不宜太稀。

④ 加气混凝土砌块墙与门窗框联结时,应先在墙体内钻深10cm、孔直径4cm左右,再用相同尺寸的圆木沾上108胶水后打入孔内。每倒不少四处。

(5) 内墙面起泡、开花或有抹纹

1) 原因分析

① 抹完罩面后,砂浆未收水就开始压光,压光后产生起泡现象。

② 石灰膏熟化不透,过火灰没有滤净,抹灰后未完全熟化的石灰颗粒继续熟化,体积膨胀,造成表面麻点和开花。

③ 底子灰过分干燥,抹罩面灰后水分很快被底层吸收,压光时易出现抹纹。

2) 防治措施

① 待抹灰砂浆收水后终凝前进行压光;纸筋石灰罩面时,待底子灰五、六成干时再进行。

② 石灰膏熟化时间不少于30d,淋制时用小于3mm×3mm筛子过滤,采用磨细生石灰粉时,最好也提前2~3d化成石灰膏。

③ 对已开花的墙面,一般待未熟化的石灰颗粒完全熟化膨胀后再处理。处理方法为挖去开花处松散表面,重新用腻子刮平后喷浆。

④ 底层过干应浇水湿润,再薄薄地刷一层纯水泥浆后进行罩面。罩面压光时发现面层灰太干不易压光时,应洒水后再压以防止抹纹。

(6) 墙面抹灰层析白

1) 原因分析

水泥在水化过程中产生氢氧化钙,在砂浆硬化前受水浸泡渗聚到抹灰面与空气中二氧化碳化合成白色碳酸钙出现在墙面。在气温低或水灰比大的砂浆抹灰时,析白现象更严重。另外,若选用了不适当的外加剂时,也会加重析白产生。

2) 防治措施

① 在保持砂浆流动性条件下掺减水剂来减少砂浆用水量,减少砂浆中的游离水,则减轻了氢氧化钙的游离渗至表面。

② 加分散剂,使氢氧化钙分散均匀,不会成片出现析白现象,而是出现均匀的轻微析白。

③ 在低温季节水化过程慢,泌水现象普遍时,适当考虑加入促凝剂以加快硬化速度。

④ 选择适宜的外加剂品种。

(7) 干粘石饰面空鼓

干粘石饰面空鼓有两种情况:一是底灰与基层(砖墙或其他材料墙)粘结不牢;二是面层与底灰粘结不牢。

1) 原因分析

① 砖墙面灰尘太多或粘在墙面上的灰浆、泥浆等污物未清理干净。

② 混凝土基层表面太光滑或残留的隔离剂未清理干净,混凝土基层表面有空鼓、硬皮等未处理。

③ 加气混凝土基层表面粉尘细灰清理不干净,抹灰砂浆强度过高而加气混凝土本身强度较低,二者收缩不一致。

④ 施工前基层不浇水或浇水不适当:浇水过多易流,浇水不足易干,浇水不均产生干缩不均,或脱水快而干缩。

⑤ 冬期施工时抹灰层受冻。

2) 防治措施

① 作好基层处理。用钢模生产的混凝土制品基层较光滑并带有隔离剂,宜用10%的火碱水溶液将隔离剂清洗干净,混凝土制品表面的空鼓硬皮应敲掉刷净。

② 施工前必须将混凝土、砖墙、加气混凝土墙等基层表面上的粉尘、泥浆等污染物清理干净。

③ 如基层面凹凸超出允许偏差,凸处剔平,凹处分层修补平整。

④ 加强基层粘结。施工前针对不同材质的基层,严格掌握浇水量和均匀度。

⑤ 抹粘石面层灰之前,用108胶水(108胶:水=1:4)满刷一遍,并随刷随抹面层灰。加气混凝土墙面除按上述要求操作外,还必须采取分层抹灰,灰浆强度逐层提高,减小收缩差,增加粘结程度。

⑥ 对较光滑的混凝土基层面,宜采用聚合水泥稀浆(水泥:砂=1:1,外加水泥质量5%~15%的108胶)满刷一遍,厚度约1mm,不可太厚,并用扫帚划毛,使表面麻糙,待晾干后抹底灰。

(8) 斩假石饰面颜色不匀

斩假石面颜色不匀,影响观感。

1) 原因分析

① 水泥石子浆掺用颜料的细度、批号不同。

② 水泥石子浆中颜料掺用量不准确,拌合不均匀。

③ 斩完部分又蘸水洗刷。

④ 常温施工时,假石饰面受阳光直接照射不同,温度不同,也会使饰面颜色不匀。

2) 防治措施

① 同一饰面应选用同一品种、同一强度等级、同一细度的原材料,并一次备齐。

② 拌灰时,应将颜料与水泥充分拌匀,然后再加入石子拌合,全部石子灰用量应一次备足。

③ 每次拌合水泥石子浆的加水量应准确,所需饰面湿润均匀,斩剁时蘸水,但剁完部分的尘屑可用钢丝刷顺纹刷净,不得蘸水刷洗。

④ 雨天不得施工。常温施工时,为使颜色均匀,应在水泥石子浆中掺入分散剂木质素磺酸钙和疏水剂甲基硅醇钠。

案例分析

(1) 背景

某钢筋混凝土框架结构的建筑,内隔墙采用加气混凝土砌块,在设计无要求的情况下,其抹灰工程均采用了石灰砂浆抹灰,内墙的普通抹灰厚度控制在25mm,外墙抹灰厚度控制在40mm,窗台下的滴水槽的宽度和深度均不小于10mm。

(2) 问题

① 在上述的描述中,有哪些错误,并做出正确的回答。

② 设计无要求时,护角做法有何技术要求?

(3) 分析及处理

① 加气混凝土砌块墙应采用水泥混合砂浆或聚合物水泥砂浆。

② 外墙抹灰的厚度大于或等于35mm时,应采取加强措施。

③ 护角做法:室内墙面、柱面和门洞口的阳角应用1:2水泥砂浆做暗护角,其高度不应低于2m,每侧宽度不应小于50mm。

案例分析

(1) 背景

某高等院校要对学生餐厅进行装修改造,该工程的主要施工项目包括,拆除非承重墙体,内墙抹灰,吊顶,墙面涂料,地面砖铺设,更换旧门窗等。某装饰工程公司承接了该项工程的施工,并对抹灰工程质量进行重点监控,为了保证抹灰工程的施工质量,制定了措施,其中包括:

① 抹灰用的石灰膏的熟化期不应小于14d,罩面用的磨细石灰粉的熟化期不应小于2d。

② 抹灰前的基层处理要符合要求。

③ 抹灰施工应分层进行,当抹灰总厚度大于或等于40mm时,应采取加强措施。

④ 有排水要求的部位应做滴水线（槽），滴水线（槽）应整齐顺直，滴水线应外高内低，滴水线、滴水槽的宽度应不小于5mm。

（2）问题

1）指出以上抹灰施工质量保证措施错误的地方。

2）抹灰工程中需对哪些材料进行复验，复验项目有哪些？

（3）分析及处理

1）错误之处有：

① 抹灰用的石灰膏的熟化期不应小于15d，罩面用的磨细石灰粉的熟化期不应小于3d。

② 抹灰工程应分层进行，当抹灰总厚度大于或等于35mm时，应采取加强措施。

③ 抹灰前基层的处理应符合规范的规定。

④ 滴水线应内高外低，滴水槽的宽度和深度均不应小于10mm。

2）一般抹灰和装饰抹灰工程所用材料的品种和性能应符合设计要求。水泥的凝结时间和安定性复验应合格，砂浆的配合比应符合设计要求。

3. 识别门窗工程安装中的质量缺陷并能分析处理

（1）木门窗玻璃装完后松动或不平整

1）原因分析

① 裁口内的胶渍、灰砂颗粒、木屑渣等未清除干净。

② 未铺垫底油灰，或底油灰厚薄不均、漏铺；或铺底油灰后，未及时安装玻璃，底油灰已结硬失去作用。

③ 玻璃裁制的尺寸偏小，影响钉子（或卡子）钉牢。

④ 钉子钉入数量不足或钉子没有贴紧玻璃，出现浮钉，不起作用。

2）防治措施

① 必须将裁口上的一切杂物事先清扫干净。

② 裁口内铺垫的底油灰厚薄应均匀一致，不得漏铺。发现底油灰结硬或冻结必须清除、重新铺垫后，及时将玻璃安装好。为防止冬期施工底油灰冻结，可适当掺加一些防冻剂或酒精。

③ 玻璃尺寸按设计裁割，且保证玻璃每边镶入裁口应不少于裁口的3/4。禁止使用窄小玻璃安装。

④ 保证钉子数量每边不少于1颗；但边长若超过40cm，至少钉两颗，间距不得大于20cm。钉帽应贴紧玻璃表面，且垂直钉牢。

⑤ 当出现安装好的玻璃有不平整、不牢固，程度轻微时，可以挤入底油灰，达到不松动即可；严重松动、不平整的应拆掉玻璃，重新安装。

（2）铝合金、塑料门窗玻璃放偏（不在槽口中）或放斜

1）原因分析

铝合金和塑料门窗槽口宽度较宽；槽口内杂物未清除净；安装玻璃时一头靠里一头放斜，未认真操作。

2) 防治措施

① 安放玻璃前，应清除槽口内灰浆等杂物，特别是排水孔，不得阻塞。

② 安放玻璃时，认真对中、对正，首先保证一侧间隙不小于 2mm。

③ 玻璃应随安随固定，以免校正后移位和不安全。

④ 加强技术培训和质量管理。

案例分析

(1) 背景

某商品住宅小区 1 号楼装修工程完成后，在监理工程师组织的预验收中，发现部分门窗框有不正、松动现象。监理工程师要求施工单位限期整改，待整改完成后重新验收。

(2) 问题

1) 门窗框不正由哪些原因造成的？如何预防？

2) 简述门窗框松动原因及其处理措施。

3) 规范中，验收过程中建筑工程质量不符合要求时，应如何处理？

(3) 分析与处理

1) 门窗框不正

原因分析：框在安装的过程中卡方不准，框的两个对角线有长短，造成框不方正。

预防措施：安装时使用木锲临时固定好，测量并调整对角线达到一样长，然后用铁脚固定牢固。

2) 门窗框松动

原因分析：

① 安装锚固铁脚间距过大。

② 锚固铁脚所采用的材料过薄，四周边嵌填材料不正确。

③ 锚固的方法不正确。

处理措施：

① 门窗应预留洞口，框边的固定片位置距离角、中竖框、中横框 150～200mm，固定片之间距离小于或等于 600mm，固定片的安装位置应与铰链位置一致。门窗框周边与墙体连接件用的螺钉需要穿过加衬的增强型材，以保证门窗的整体稳定性。

② 框与混凝土洞口应采用电锤在墙上打孔装入尼龙膨胀管，当门窗安装校正后，用木螺钉将镀锌连接件固定在膨胀管内，或采用射钉固定。

③ 当门窗框周边是砖墙或轻质墙时，砌墙时可砌入混凝土预制块以便与连接件连接。

④ 推广使用聚氨酯发泡剂填充料（但不得用含沥青的软质材料，以免 PVC 腐蚀）。

⑤ 锚固铁脚的间距不得大于 500mm，铁脚必须经过防腐处理。

⑥ 锚固铁脚所采用的材料厚度不低于 1.5mm，宽度不得小于 25mm。

⑦ 根据不同的墙体材料采用不同的锚固办法，砖墙上不得采用射钉锚固，多孔砖不得采用膨胀螺栓锚固。

3)《建筑工程施工质量验收统一标准》GB 50300—2001 规定

5.0.6 当建筑工程质量不符合要求时，应按下列规定进行处理：

1 经返工重做或更换器具、设备的检验批，应重新进行验收。

2 经有资质的检测单位检测鉴定能够达到设计要求的检验批,应予以验收。

3 经有资质的检测单位检测鉴定达不到设计要求、但经原设计单位核算认可能够满足结构安全和使用功能的检验批,可予以验收。

4 经返工或加固处理的分项、分部工程,虽然改变外形尺寸但仍能满足安全使用要求,可按技术处理方案和协商文件进行验收。

5.0.7 通过返修或加固处理仍不能满足安全使用要求的分部工程、单位(子单位)工程,严禁验收。

4. 识别吊顶工程中常见的质量缺陷并能分析处理

(1) 木格栅拱度不匀

吊顶格栅装钉后,其下表面的拱度不均匀,不平整,严重者成波浪形;其次,吊顶格栅周边或四角不平;还有的吊顶完工后,只经过短期使用,产生凹凸变形等质量问题。

1) 原因分析

① 吊顶格栅材质不好,变形大,不顺直、有硬弯,施工中又难于调直;木材含水率过大,在施工中或交工后产生收缩翘曲变形。

② 不按规程操作,施工中吊顶格栅四周墙面上不弹平线或平线不准,中间不按平线起拱,造成拱度不匀。

③ 吊杆或吊筋间距过大,吊顶格栅的拱度不易调匀。同时,受力后易产生挠度,造成凹凸不平。

④ 受力节点结合不严,受力后产生位移变形。

2) 防治措施

① 吊顶应选用比较干燥的松木、杉木等软质木材,并防止受潮或烈日暴晒;不宜用桦木、色木及柞木等硬质木材。

② 吊顶格栅装钉前,应按设计标高在四周墙壁上弹线找平;装钉时,四周以平线为准,中间按平线起拱,起拱高度应为房间短向跨度的1/200,纵横拱度均应吊匀。

③ 格栅及吊顶格栅的间距、断面尺寸应符合设计要求;木料应顺直,如有硬弯,应在硬弯处锯断,调直后再用双面夹板连接牢固;木料在两吊点间如稍有弯度,弯度应向上。

④ 各受力节点必须装钉严密、牢固,符合质量要求。

⑤ 吊顶内应设置通风窗,使木骨架处于干燥环境中;室内抹灰时,应将吊顶人孔封严,待墙面干后,再将人孔打开通风,使吊顶保持干燥环境。

⑥ 如吊顶格栅拱度不匀,局部超差较大,可利用吊杆或吊筋螺栓把拱度调匀。

⑦ 如吊筋未加垫板,应及时安设垫板,并把吊顶格栅的拱度调匀;如吊筋太短,可用电焊将螺栓加长,并重新安好垫板、螺母,再把吊顶格栅拱度调匀。

⑧ 凡吊杆被钉劈裂而节点松动处,必须将劈裂的吊杆换掉。

(2) 铝合金龙骨不顺直

铝合金主龙骨、次龙骨纵横方向线条不平直;吊顶造型不对称、罩面板布局不合理。

1) 原因分析

① 主龙骨、次龙骨受扭折,虽经修整,仍不平直。

② 挂铅线或镀锌铁丝的射钉位置不正确，拉牵力不均匀。
③ 未拉通线全面调整主龙骨、次龙骨的高低位置。
④ 测吊顶的水平线误差超差，中间平线起拱度不符合规定。

2) 防治措施

① 凡是受扭折的主龙骨、次龙骨一律不宜采用。
② 挂铅线的钉位，应按龙骨的走向每间距1.2m射一枚钢钉。
③ 一定要拉通线，逐条调整龙骨的高低位置和线条平直。
④ 四周墙面的水平线应测量正确，中间接平线起拱度1/200~1/300。

(3) 纤维板或胶合板吊顶面层变形

纤维板和胶合板吊顶装钉后，部分板块逐渐产生凹凸变形现象。

1) 原因分析

① 纤维板或胶合板，在使用中要吸收空气中的水分，特别是纤维板不是均质材料，各部分吸湿程度差异大，故易产生凹凸变形；装钉板块时，板块接头未留空隙，吸湿膨胀后，没有伸胀余地，会使变形程度更为严重。
② 板块较大，装钉时没能使板块与吊顶格栅全部贴紧，又从四角或四周向中心排钉装钉，板块内储存有应力，致使板块凹凸变形。
③ 吊顶格栅分格过大，板块易产生挠度变形。

2) 防治措施

① 宜选用优质板材，以保证吊顶质量。胶合板宜选用五层以上的胶合板；纤维板宜选用硬质纤维板。
② 轻质板块宜用小齿锯截成小块装钉。装钉时必须由中间向两端排钉，以避免板块内产生应力而凹凸变形。板块接头拼缝必须留3~6mm的间隙，以减轻板块膨胀时的变形程度。
③ 用纤维板、胶合板吊顶时，其吊顶格栅的分格间距不宜超过450mm，否则，中间应加一根25mm×40mm的小格栅，以防板块中间下挠。
④ 合理安排工序。如室内湿度较大，宜先装钉吊顶木龙骨，然后进行室内抹灰，待抹灰干燥后再装钉吊顶面层。但施工时应注意周边的吊顶格栅应离开墙面20~30mm（即抹灰层厚度），以便在墙面抹灰后装钉吊顶面板及压条。
⑤ 若有个别板块变形过大时，可由人孔进入吊顶内，补加一根25mm×40mm的小格栅，然后在下面将板块钉平。

案例分析

(1) 背景

某宾馆大厅进行室内装饰装修改造工程施工，按照先上后下，先湿后干，先水电通风后装饰装修的施工顺序施工。吊顶工程按设计要求，顶面为轻钢龙骨纸面石膏板不上人吊顶，装饰面层为耐擦洗涂料。但竣工验收后三个月，顶面局部产生凸凹不平和石膏板接缝处产生裂缝现象。

(2) 问题

结合实际，分析该装饰工程吊顶面局部产生凹凸不平的原因及板缝开裂原因。

(3) 分析

① 工程为改造工程，原混凝土顶棚内未设置预埋件和预埋吊杆，因此需重新设置锚固件以固定吊杆，后置锚固件安装时，特别是选择用的胀管螺栓安装不牢固，若选用射钉可能遇到石子，石子发生爆裂，使射钉不能与屋盖相连接，产生不受力现象，因此局部下坠。

② 不上人吊顶的吊杆应选用 $\phi 6$ 钢筋，并应经过拉伸，施工时，若不按要求施工，将未经拉伸的钢筋作为吊杆，当龙骨和饰面板涂料施工完毕后，吊杆的受力产生不均匀现象。

③ 吊点间距的设置，可能未按规范要求施工，没有满足不大于 1.2m 的要求，特别是遇到设备时，没有增设吊杆或调整吊杆的构造，是产生顶面凹凸不平的关键原因之一。

④ 吊顶骨架安装时，主龙骨的吊挂件、连接件的安装可能不牢固，连接件没有错位安装，次龙骨安装时未能紧贴主龙骨，次龙骨的安装间距大于 600mm，这些都是产生吊顶面质量问题的原因。

⑤ 骨架施工完毕后，隐蔽检查验收不认真。

⑥ 骨架安装后安装纸面石膏板，板材安装前，特别是切割边对接处横撑龙骨的安装不符合要求，这也是造成板缝开裂的主要原因之一。

⑦ 由于后置锚固件、吊杆、主龙骨、次龙骨安装都各有不同难度的质量问题，板材安装尽管符合规范规定，但局部骨架产生垂直方向位移，必定带动板材发生变动。发生质量问题是必然的。

案例分析

(1) 背景

某单位家属楼为 20 世纪 80 年代建筑，为了改善职工生活条件，现单位出资对家属楼进行改造，内容主要有地面的防水、门窗的更换和顶棚吊顶。

(2) 问题

1) 室内防水工程蓄水试验要求。

2) 吊顶工程施工前准备工作有哪些？

3) 简述暗龙骨吊顶工程施工质量控制要点。

(3) 分析与处理

1) 室内防水工程蓄水试验的要求

室内防水层完工后应做 24h 蓄水试验，蓄水深度 30~50mm，合格后办理隐蔽检查手续；室内防水层上的饰面层完工后应做第二次 24h 蓄水试验（要求同上），以最终无渗漏时为合格，合格后方可办理验收手续。

2) 吊顶工程施工前准备工作

① 安装龙骨前，应按设计要求对房间净高、洞口标高和吊顶管道、设备及其支架的标高进行交接检验。

② 吊顶工程的木吊杆、木龙骨和木饰面板必须进行防火处理，并应符合有关设计防火的规定。

③ 吊顶工程中的预埋件、钢筋吊杆和型钢吊杆进行防锈处理。

④ 安装面板前应完成吊顶内管道和设备的调试及验收。

3) 暗龙骨吊顶工程施工质量控制要点

① 吊顶标高、尺寸、起拱和造型应符合设计要求。

② 饰面材料的材质、品种、规格、图案和颜色应符合设计要求。

③ 暗龙骨吊顶工程的吊杆、龙骨和饰面材料的安装必须牢固。

④ 吊杆、龙骨的材质、规格、安装间距及连接方式应符合设计要求。金属吊杆、龙骨应经表面防腐处理，木吊杆、龙骨应进行防腐、防火处理。

⑤ 石膏板的接缝应按其施工工艺标准进行板缝防裂处理。安装双层石膏板时，面层板与基层板的接缝应错开，并不得在同一根龙骨上接缝。

⑥ 饰面材料表面应洁净、色泽一致，不得有翘曲、裂缝及缺损，压条应平直、宽窄一致。

⑦ 饰面板上的灯具、烟感器、喷淋头、风口箅子等设备的位置应合理、美观，与饰面板的交接应吻合、严密。

⑧ 金属吊杆、龙骨的接缝应均匀一致，角缝应吻合，表面应平整，无翘曲、锤印。木质吊杆、龙骨应顺直，无劈裂、变形。

⑨ 吊顶内填充吸声材料的品种和铺设厚度应符合设计要求，并应有防散落措施。

5. 识别饰面板（砖）工程中的质量缺陷并能分析处理

（1）外墙面砖空鼓、脱落

1) 原因分析

① 由于贴面砖的墙饰面层自重大，使底子灰与基层之间产生较大的剪应力，粘贴层与底子灰之间也有较小的剪应力，如果再加上基层表面偏差较大，基层处理或施工操作不当，各层之间的粘结强度又差，面层即产生空鼓，甚至从建筑物上脱落。

② 砂浆配合比不准，稠度控制不好，砂子中含泥量过大，在同一施工面上，采用不同的配合比砂浆，引起不同的干缩率而开裂、空鼓。

③ 饰面层各层长期受大气温度的影响，由表面到基层的温度梯度和热胀冷缩，在各层间也会产生应力，引起空鼓；如果面砖粘贴砂浆不饱满，面砖勾缝不严实，雨水渗透进去后受冻膨胀，也易引起空鼓、脱落。

2) 防治措施

① 在结构施工时，外墙应尽可能按清水墙标准．做到平整垂直，为饰面施工创造条件。

② 面砖在使用前，必须清洗干净，并隔夜用水浸泡，晾干后（外干内湿）才能使用。使用未浸泡的干砖，表面有积灰，砂浆不易粘结，而且由于面砖吸水性强，把砂浆中的水分很快吸收掉，使砂浆与砖的粘结力大为降低；若面砖浸泡后没有晾干，湿面砖表面附水，使贴面砖产生浮动。都能导致面砖空鼓。

③ 粘贴面砖砂浆要饱满，但使用砂浆过多，面砖又不易贴平；如果多敲，会造成浆水集中到面砖底部或溢出，收水后形成空鼓，特别在垛子、阳角处贴面砖时更应注意，否则容易产生阳角处不平直和空鼓，导致面砖脱落。

④ 在面砖粘贴过程中，宜做到一次成活，不宜移动，尤其是砂浆收水后再纠偏挪动，

最容易引起空鼓。粘贴砂浆一般可采用1：0.2：2混合砂浆，并做到配合比准确，砂浆在使用过程中，更不要随便掺水和加灰。

⑤ 作好勾缝。勾缝用1：1水泥砂浆，砂过筛；分两次进行，头一遍用一般水泥砂浆勾缝，第二遍按设计要求的色彩配制带色水泥砂浆，勾成凹缝，凹进面砖深度约3mm。相邻面砖不留缝的拼缝处，应用同面砖相同颜色的水泥浆擦缝，擦缝时对面砖上的残浆必须及时清除，不留痕迹。

(2) 陶瓷锦砖饰面不平整，分格缝不匀，砖缝不平直

1) 原因分析

① 陶瓷锦砖粘贴时，粘结层砂浆厚度小（3~4mm），对基层处理和抹灰质量要求均很严格，如底子灰表面平整和阴阳角稍有偏差，粘贴面层时就不易调整找平，产生表面不平整现象。如果增加粘贴砂浆厚度来找平，则陶瓷锦砖粘贴后，表面不易拍平，同样会产生墙面不平整。

② 施工前，没有按照设计图纸尺寸核对结构施工实际情况，进行排砖、分格和绘制大样图，抹底子灰时，各部位挂线找规矩不够，造成尺寸不准，引起分格缝不均匀。

③ 陶瓷锦砖粘贴揭纸后，没有及时对砖缝进行检查和认真拨正调直。

2) 防治措施

① 施工前应对照设计图纸尺寸，核实结构实际偏差情况，根据排砖模数和分格要求，绘制出施工大样图并加工好分格条，事先选好砖，裁好规格，编上号，便于粘贴时对号入座。

② 按照施工大样图，对各窗间墙、砖垛等处要先测好中心线、水平线和阴阳角垂直线，贴好灰饼，对不符合要求、偏差较大的部位，要预先剔凿或修补，以作为安窗框、做窗台，腰线等的依据，防止在窗口、窗台、腰线、砖垛等部位，发生分格缝留不均匀或阳角处出现不够整砖的情况。抹底子灰要求确保平整，阴阳角要垂直方正，抹完后立即划毛，并注意养护。

③ 在养护完的底子灰上，根据大样图从上到下弹出若干水平线，在阴阳角处、窗口处弹上垂直线，以作为粘贴陶瓷锦砖时控制的标准线。

④ 粘贴陶瓷锦砖时，根据已弹好的水平线稳好平尺板，刷素水泥浆结合层一遍，随铺2~3mm厚粘结砂浆，同时将若干张裁好规格的陶瓷锦砖铺放在特制木板上，底面朝上，缝里撒入1：2水泥干砂面，刷净表面浮砂后，薄薄涂上一层粘结砂浆，然后逐张提起，从平尺板上口，由下往上随即往墙上粘贴，每张之间缝要对齐，贴一组后，将分格条放在上口，重复上述次序，继续往上粘贴。

⑤ 陶瓷锦砖粘贴后，随即将拍板靠放在已贴好的面层上，用小锤敲击拍板，满敲均匀，使面层粘结牢固和平整，然后刷水将护纸揭去，检查陶瓷锦砖分缝平直、大小等情况，将弯扭的缝用开刀拨正调直，再用小锤拍板拍平一遍，以达到表面平整为止。

(3) 大理石墙、柱面饰面接缝不平、板面纹理不顺、色泽不匀

墙、柱面镶贴大理石板后，板与板之间接缝粗糙不平，花纹横竖突变不通顺，色泽深浅不匀。

1) 原因分析

基层处理不符合质量要求；对板材质量的检验不严格；镶贴前试拼不认真；施工操作不当，特别是分次灌浆时，灌浆高度过高。

2) 防治措施

① 镶贴前先检查墙、柱面的垂直平整情况，超过规定的偏差应事先剔除或补齐，使基层到大理石板面距离不小于5cm，并将墙、柱面清刷干净，浇水湿透。

② 镶贴前在墙、柱面弹线，找好规矩。大理石墙面要在每个分格或较大的面积上弹出中心线，水平通线，在地面上弹出大理石板面线；大理石柱子应先测量出柱子中心线和柱与柱之间水平通线，并弹出柱子大理石柱面线。

③ 事先将有缺边掉角、裂纹和局部污染变色的大理石板材挑出，再进行套方检查，规格尺寸超过规定偏差，应磨边修正，阳角处用的大理石板，如背面是大于45°的斜面，还应剔凿磨平至符合要求才能使用。

④ 按照墙、柱面的弹线进行大理石板试拼，对好颜色、调整花纹，使板与板之间上下左右纹理通顺，颜色协调，缝子平直均匀，试拼后，由上至下逐块编写镶贴顺序号，再对号镶贴。

⑤ 镶贴小规格块材时，可采用粘贴方法；大规格板材（边长大于40cm）或镶贴高度大于1m时，须使用安装方法。按照设计要求，事先在基层上绑扎好钢筋网，与结构预埋铁件连接牢固，块材上下两侧面两端各用钻头打成5mm圆孔，穿上铜丝或镀锌铁丝，把块材绑扎在钢筋网上。安装顺序是按照事先找好的中心线、水平通线和墙（柱）面线进行的试拼编号，在最下一行两头用块材找平找直，拉上横线，再从中间或一端开始安装，并随时用托线板靠平靠直，保证板与板交接处四角平整，待第一行大理石板块安装完后，用木楔固定；再在表面横竖接缝处，每隔10～15cm用石膏浆（石膏粉掺20%的水泥后用水拌成）临时粘结固定，以防移动，缝隙用纸堵严。较大的板材固定时还要加支撑。

⑥ 待石膏浆凝固后，用1∶2.5水泥砂浆（厚度一般为8～12cm）分层灌注，每次灌注不宜过高，否则容易使大理石板膨胀外移，造成饰面不平。

第一层灌注高度约为15cm，且不得超过板高1/3，灌浆时动作要轻，把浆徐徐倒入石板内侧缝中。第一层灌浆后1～2h，待砂浆凝结时，先检查石板是否移动，如有外移错位，不符合要求时，应拆除重新安装。第二层灌注高度约10cm，达石板高度1/2处。第三层灌注至板口下约5cm，为上行石板安装后灌浆的结合层。最后一层砂浆终凝后，将上口固定木楔轻轻移动拔出，并清理净上口，依次逐行往上镶贴，直至顶部。

(4) 大理石墙面腐蚀、空鼓脱落

大理石用于室外墙、柱面，经5～10年后，表面逐渐变色、褪色和失去光泽，变得粗糙，并产生麻点、开裂和剥落等腐蚀现象，严重时还出现空鼓脱落。

1) 原因分析

大理石是一种变质岩，主要成分为碳酸钙，约占50%以上，杂质其他成分则呈不同的颜色和光泽，例如白色碳酸钙、碳酸镁；紫色含锰，黑色含碳或沥青质，绿色含钴化物，黄色含铬化物；红褐色、紫色、棕黄色含锰及氧化铁水化物等。大理石中一般都含有许多矿物和杂质,在风霜雨雪、日晒下,容易变色和褪色。如空气中的二氧化硫,遇到水气时能生成亚硫酸,然后变为硫酸,与大理石中的碳酸钙发生反应,在大理石表面生成石膏。石膏易溶于水,且硬度低,使磨光的大理石表面逐渐失去光泽,变得粗糙、产生麻点、开裂和剥落。

2) 防治措施

① 大理石不宜用作室外墙、柱饰面,特别不宜在工业区附近的建筑物上采用,个别工程需用作外墙面时,应事先进行品种选择,选挑品质纯、杂质少、耐风化及耐腐蚀的大理石。

② 室外大理石墙面压顶部位,要认真处理,保证基层不渗透水。操作时,横竖接缝必须严密,灌浆饱满,每块大理石板与基层钢筋网连接应不少于四点。设计时尽可能在顶部加罩,以防止大理石墙面直接受到雨淋日晒,延长使用寿命。

③ 将空鼓脱落的大理石板拆下,重新安装镶贴。但这种做法施工麻烦,修理费高,且修后的新旧板材面光泽、颜色及花纹都难以达到一致。

案例分析

(1) 背景

某学校对旧教学楼进行外墙和地面改造,外墙采用饰面砖,地面采用地板砖面层,基层原为混凝土基层。

(2) 问题

1) 饰面砖粘贴工程施工质量控制要点有哪些?
2) 板块楼地面施工验收中的主控项目有哪些?

(3) 分析与处理

1) 饰面砖粘贴工程施工质量控制要点

① 饰面砖的品种、规格、图案、颜色和性能应符合设计要求。

② 饰面砖粘贴工程的找平、防水、粘结和勾缝材料及施工方法应符合设计要求及国家现行产品标准和工程技术标准的规定。

③ 饰面砖粘贴必须牢固。

④ 外墙饰面砖粘贴前和施工过程中,均应在相同基层上做样板件,并对样板件的饰面砖粘结强度进行检验,其检验方法和结果判定应符合《建筑工程饰面砖粘结强度检验标准》JGJ 110 的规定。

⑤ 满粘法施工的饰面砖工程应无空鼓、裂缝。

⑥ 饰面砖表面应平整、洁净、色泽一致,无裂纹和缺损。

⑦ 阴阳角处搭接方式、非整砖使用部位应符合设计要求。

⑧ 墙面突出物周围的饰面砖应整砖套割吻合,边缘应整齐。墙裙、贴脸突出墙面的厚度应一致。

⑨ 饰面砖接缝应平直、光滑,填嵌应连续、密实;宽度和深度应符合设计要求。

⑩ 有排水要求的部位应做滴水线(槽)。滴水线(槽)应顺直,流水坡向应正确,坡度应符合设计要求。

2）板块地面施工验收的主控项目
① 面层所用的板块的品种、质量必须符合设计要求。
② 面层与下一层的结合（粘结）应牢固，无空鼓。
注：凡单块砖边角有局部空鼓，且每自然间（标准间）不超过总数的 5% 可不计。

6. 识别地面工程中的质量缺陷并能分析处理

（1）水泥砂浆地面起砂

1）现象

地面表面粗糙，颜色发白，不坚实。走动后，表面先有松散的水泥灰，用手摸时像干水泥面。随着走动次数的增多，砂粒逐渐松动或有成片水泥硬壳剥落，露出松散的水泥和砂子。

2）治理

① 小面积起砂且不严重时，可用磨石将起砂部分水磨，直至露出坚硬的表面。也可以用纯水泥浆罩面的方法进行修补，其操作顺序是：清理基层→充分冲洗湿润→铺设纯水泥浆（或撒干水泥面）1～2mm→压光 2～3 遍→养护。如表面不光滑，还可水磨一遍。

② 大面积起砂，可用 108 胶水泥浆修补，具体操作方法和注意事项如下：

A. 用钢丝刷将起砂部分的浮砂清除掉，并用清水冲洗干净。地面如有裂缝或明显的凹痕时，先用水泥拌合少量的 108 胶制成的腻子嵌补。

B. 用 108 胶加水（约一倍水）搅拌均匀后，涂刷地面表面，以增强 108 胶水泥浆与面层的粘结力。

C. 108 胶水泥浆应分层涂抹，每层涂抹约 0.5mm 厚为宜，一般应涂抹 3～4 遍，总厚度为 2mm 左右。底层胶浆的配合比可用水泥：108 胶：水＝1：0.25：0.35（如掺入水泥用量的 3%～4% 的矿物颜料，则可做成彩色 108 胶水泥浆地面），搅拌均匀后涂抹于经过处理的地面上。操作时可用刮板刮平，底层一般涂抹 1～2 遍。面层胶浆的配合比可用水泥：108 胶：水＝1：0.2：0.45（如做彩色 108 胶水泥浆地面时，颜色掺量同上），一般涂抹 2～3 遍。

D. 当室内气温低于＋10℃时，108 胶将变稠甚至会结冻。施工时应提高室温，使其自然融化后再行配制，不宜直接用火烤加温或加热水的方法解冻。108 胶水泥浆不宜在低温下施工。

E. 108 胶掺入水泥（砂）浆后，有缓凝和降低强度的作用。试验证明，随着 108 胶掺量的增多，水泥（砂）浆的粘结力也增加，但强度则逐渐下降。108 胶的合理掺量应控制在水泥重量的 20% 左右。另外，结块的水泥和颜料不得使用。

F. 涂抹后按照水泥地面的养护方法进行养护，2～3d 后，用细砂轮或油石轻轻将抹痕磨去，然后上蜡一遍，即可使用。

③ 对于严重起砂的水泥地面，应作翻修处理，将面层全部剔除掉，清除浮砂，用清水冲洗干净。铺设面层前，凿毛的表面应保持湿润，并刷一度水灰比为 0.4～0.5 的素水泥浆（可掺入适量的 108 胶），以增强其粘结力，然后用 1：2 水泥砂浆另铺设一层面层，严格做到随刷浆随铺设面层。面层铺设后，应认真做好压光和养护工作。

(2) 楼地面面层不规则裂缝

1) 现象

预制板楼地面或现浇板楼地面上都会出现这种不规则裂缝,有的表面裂缝,也有连底裂缝,位置和形状不固定。

2) 治理

对楼地面产生的不规则裂缝,由于造成原因比较复杂,所以在修补前,应先进行调查研究,分析产生裂缝的原因,然后再进行处理。对于尚在继续开展的"活裂缝",如为了避免水或其他液体渗过楼板而造成危害,可采用柔性材料(如沥青胶泥、嵌缝油膏等)作裂缝封闭处理。对于已经稳定的裂缝,则应根据裂缝的严重程度作如下处理:

① 裂缝细微,无空鼓现象,且地面无液体流淌时,一般可不作处理。

② 裂缝宽度在 0.5mm 以上时,可做水泥浆封闭处理,先将裂缝内的灰尘冲洗干净,晾干后,用纯水泥浆(可适量掺些 108 胶)嵌缝。嵌缝后加强养护,常温下养护 3d,然后用细砂轮在裂缝处轻轻磨平。

③ 如裂缝涉及结构受力时,则应根据使用情况,结合结构加固一并进行处理。

④ 如裂缝与空鼓同时产生时,则可参照以下方法进行处理:

A. 如裂缝较细,楼面又无水或其他液体流淌时,一般可不作修补。

B. 如裂缝较粗,或虽裂缝较细,但楼面经常有水或其他液体流淌时,则应进行修补。

C. 当房间外观质量要求不高时,可用凿子凿成一条浅槽后,用屋面用胶泥(或油膏)嵌补。凿槽应整齐,宽约 10mm,深约 20mm。嵌缝前应将缝清理干净,胶泥应填补平、实。

D. 如房间外观质量要求较高,则可顺裂缝方向凿除部分面层(有找平层时一起凿除,底面适量凿毛),宽度 1000~1500mm,用不低于 C20 的细石混凝土填补,并增设钢筋网片。

(3) 预制水磨石、大理石地面空鼓

1) 原因分析

① 基层清理不干净或浇水湿润不够,造成垫层和基层脱离。

② 垫层砂浆太稀或一次铺得太厚,收缩太大,易造成板与垫层空鼓。

③ 板背面浮灰未清刷净,又没浇水,影响粘结。

④ 铺板时操作不当,锤击不当。

2) 防治措施

① 基层必须清理干净,并充分浇水湿润,垫层砂浆应为干硬性砂浆;粘贴用的纯水泥浆应涂刷均匀,不得用扫浆法。

② 预制板和石板背面必须清理干净,并刷水事先湿润,待表面稍晾干后方可铺设。

③ 当基层较低或过凹时,宜先用细石混凝土找平,再垫 1:3~1:4 干硬性水泥砂浆,厚度在 2.5~3cm 为宜。铺放板材时,宜高出地面线 3~4mm,若砂浆铺得过厚,放上板材后,砂浆底部不易砸实,也常常引起局部空鼓。

④ 作好初步试铺,并用橡皮锤敲击,既要达到铺设高度,也要使垫层砂浆平整密实。根据锤击的空实响声,搬起板材,或增或减砂浆,再浇一薄层素水泥浆后安铺板材,注意

平铺时要四角平稳落地。锤击时，不要砸板的边角；若垫方木锤击，方木长度不得超过单块板的长度，更不要搭在另一块已铺设的板材上敲击，以免引起空鼓。

⑤ 板材铺设 24h 后，应洒水养护 1~2 次，以补充水泥砂浆在硬化过程中所需水分，保证板材与砂浆粘结牢固。

⑥ 浇缝前应将地面扫净，并把板材上和拼缝内松散砂浆用开刀清除掉；灌缝应分几次进行，用长把刮板往缝内刮浆，务必使水泥浆填满缝子和部分边角不实的空隙。灌缝 24h 后再浇水养护，然后覆盖锯末等保护成品进行养护。养护期间禁止上人踩踏。

(4) 预制水磨石、大理石地面接缝不平、缝不匀

板材地面铺设，往往会在门口与楼道相接处出现接缝不平，或纵横方向缝不匀。

1) 原因分析

① 板块材料本身有厚薄、宽窄、窜角、翘曲等缺陷，事先挑选又不严格，造成铺设后在接缝处产生不平，缝不匀现象。

② 各个房间内水平标高线不一致，使之与楼道相接的门口处出现地面高低偏差。

③ 板块铺设后，成品保护不好，在养护期内过早上人，板缝也易出现高低差。

④ 拉线或弹线误差过大，造成缝不匀。

2) 防治措施

① 应由专人负责从楼道统一往各房间内引进标高线，房间内应四边取中，在地面上弹出十字线（或在地面标高处拉好十字线）。铺贴时，应先安放好十字线交叉处最中间的一块板材作为标准；若以十字线为中缝时，也可在十字线交叉点对角处安设两块标准块。标准块为整个房间的水平标准及经纬标准，应用 90°角尺及水平尺仔细校正。

② 从标准块向两侧和后退方向顺序铺贴，并注意随时用水平尺和直尺找准。缝子必须通长拉线，不能有偏差；铺设前分段分块尺寸要事先排好定死，以免产生游缝、缝子不匀和最后一块铺不下或缝子过大的现象。

③ 板材应事先用垂尺检查，对有翘曲、拱背、宽窄不方正等缺陷的板挑出不用，或在试铺时认真调整，用在适当部位。

(5) 现浇水磨石地面分格显露不清

1) 现象

分格条显露不清，呈一条纯水泥斑带，外形不美观。

2) 原因分析

① 面层水泥石子浆铺设厚度过高，超过分格条较多，使分格条难以磨出。

② 铺好面层后，磨石不及时，水泥石子面层强度过高（亦称"过老"），使分格条难以磨出。

③ 第一遍磨光时，所用的磨石号数过大，磨损量过小，不易磨出分格条。

④ 磨光时用水量过大，使磨石机的磨石在水中呈飘浮状态，这时磨损量也极小。

3) 预防措施

① 控制面层水泥石子浆的铺设厚度，虚铺高度一般比分格条高出 5mm 为宜，待用滚筒压实后，则比分格条高出约 1mm，第一遍磨完后，分格条就能全部清晰外露。

② 水磨石地面施工前，应准备好一定数量的磨石机。面层施工时，铺设速度应与磨

光速度（指第一遍磨光速度）相协调，避免开磨时间过迟。

③ 第一遍磨光应用 60～90 号的粗金刚砂磨石，以加大其磨损量。同时磨光时应控制浇水速度，浇水量不应过大，使面层保持一定浓度的磨浆水。

(6) 木质材料饰面人行走时有响声

1) 原因分析

① 木搁栅本身含水率大或施工时周围环境湿度大使木搁栅受潮，完工后木搁栅干燥收缩松动。

② 固定木搁栅的预埋铁丝、"门"形铁件被踩断或不合要求，搁栅固定处松动，也可能是固定点间距过大，搁栅变形松动。

③ 毛地板、面板钉子少钉或钉得不牢。

④ 木搁栅铺完后，未认真进行自检。

2) 防治措施

① 木搁栅及毛地板必须用干燥材料。毛地板的含水率不大于15%，木搁栅的含水率不大于20%。木搁栅应在室内环境比较干燥的情况下铺设。一般应在室内湿作完成后晾放 7～10d，雨季晾放 10～15d。

② 采用预埋铁丝法，要注意保护铁丝，不要弄断；锚固铁件，顺搁栅间距不大于800mm，锚固铁钉面宽度不小于 100mm，并用双股 14 号铁丝与木搁栅绑扎牢；采用螺栓连接时，螺帽应拧紧。调平用垫块，应设在绑扎处，宽度不小于 40mm，两头伸出木搁栅不小于 20mm，并用钉子钉牢。

③ 基层为预制楼板的，其锚固铁应设于叠合层。如无叠合层时，可设于板缝内，埋铁中距 400mm。如预制板宽超过 900mm 时，应在板中间增加锚固点。

④ 横撑或剪刀撑间距 800mm，与搁栅钉牢，但横撑表面应低于搁栅面约 10mm。

⑤ 搁栅铺钉完，要认真检查有无响声；每层块板所钉钉子，数量不应少钉，并要钉牢固。随时检查，不符合要求应及时修理。

(7) 木质材料饰面拼缝不严

1) 原因分析

① 地板条规格不合要求。如不直（有顺弯或死弯）、宽窄不一、企口榫太松等。

② 拼装企口地板条时缝太虚，表面上看结合紧密，经刨平后即显出缝隙，或拼装时敲打过猛，地板条回弹，钉后造成缝隙。

③ 面层板铺设至接近收尾时，剩余的宽度与地板条的宽度不成倍数，为凑整块，加大板缝；或者将一部分地板条宽度加以调整，经手工加工后地板条不很规矩，即产生缝隙。

④ 板条受潮，在铺设阶段含水率过大，铺设后经风干收缩而产生大面积"拔缝"。

2) 防治措施

① 地板条拼装前，应严格挑选，尺寸应符合标准，有腐朽、结疤、劈裂、翘曲等疵病者应剔除。宽窄不一、企口不合要求的应先修理再用。地板条有顺弯应刨直，有死弯应从死弯处截断，修理后方可使用。

② 为使地板面层铺设严密，铺钉前房间应弹线找方，并弹出地板周边线。踢脚板根部有凹形槽的，周圈先钉凹形槽。

③ 长条地板与木搁栅垂直铺钉，当地板条为松木或为宽度大于 70mm 的硬木时，其接头必须在搁栅上。接头应互相错开，并在接头的两端各钉一枚钉子。

④ 长条地板铺至接近收尾时，要先计算一下差几块到边，以便将该部分地板条修成合适的宽度。严禁用加大缝隙来调整剩余宽度。装最后一块地板条不易严密，可将地板条刨成略有斜度的大小头，以小头插入并楔紧。

⑤ 木地板铺完后应及时刨平磨光，立即上油或烫蜡，以免"拔缝"。

⑥ 若发现缝小于 1mm 者，用同种木料的锯末加树脂胶和腻子嵌缝。缝隙大于 1mm 时，用相同材料刨成薄片（成刀背形），蘸胶后嵌入缝内刨平。如修补的面积较大，影响美观，可将烫蜡改为油漆，并加深地面的颜色。

(8) 木踢脚板安装表面不平，与地板面不垂直，接槎高低不平及不严密等。

1) 原因分析

① 木砖间距过大，垫木表面不在同一平面上，踢脚板钉完后呈波浪形。

② 踢脚板变形翘曲，与墙面接触不严。

③ 踢脚板与地面不垂直，垫木不平或铺钉时未经套方。

④ 铺钉时未拉通线，踢脚板上口不平。

2) 防治措施

① 墙体内应预埋木砖，中距不得大于 400mm，并要上下错位设置或立放，转角处或端头必须埋设木砖。

② 加气混凝土墙或其他轻质隔墙，踢脚板以下要砌普通机制砖，以便埋设木砖。

③ 钉木踢脚板时先在木砖上钉垫木，垫木要平整，并拉通线找平，然后再钉踢脚板。

④ 为防止踢脚板翘曲，应在其靠墙的一面设两道变形槽，槽深 3~5mm，宽度不少于 10mm。

⑤ 踢脚板上面的平线要从基本平线往下量，而且要拉通线。

⑥ 墙面抹灰要用大杠刮平，安踢脚板时要贴严，踢脚板上边压抹灰墙不小于 10mm，钉子应尽量靠上部钉。

⑦ 踢脚板与木地板交接处有缝隙时，可加钉三角形或半圆形木压条。

案例分析

(1) 背景

某办公楼采用现浇钢筋混凝土框架结构，为混凝土地面。施工过程中，发现房间地坪质量不合格，有多间房间出现起砂现象。

(2) 问题

1) 混凝土地面施工质量要求是什么？

2) 对于该项工程所出现的起砂现象应采取哪些防治措施？

(3) 分析与处理

1) 混凝土面层施工质量要求

① 混凝土面层厚度应符合设计要求。

② 混凝土面层铺设不得留施工缝。当施工间隙超过允许时间规定时，应对接槎处进行处理。

③ 混凝土采用的粗骨料,其最大粒径不应大于面层厚度的2/3,细石混凝土面层采用的石子粒径不应大于15mm。

④ 面层的强度等级应符合设计要求,且水泥混凝土面层强度等级不应小于C20;水泥混凝土垫层兼面层强度等级不应小于C15。

⑤ 面层与下一层应结构牢固,无空鼓、裂纹。

2) 预防起砂缺陷的质量问题的防治措施

① 原材料的选择必须符合施工规范规定,严格控制水灰比。

② 垫层事前要充分湿润。

③ 掌握好面层的压光时间。

④ 水泥地面压光后,应加强养护,养护时间不应少于7d,抗压强度应达到5MPa,方准上人行走。

⑤ 冬期施工时,环境温度不应低于5℃,若在负温度下抹水泥地面,应防止早期受冻。

7. 识别轻质隔墙工程中的质量缺陷并能分析处理

(1) 纸面石膏板隔墙板面接缝有痕迹

1) 原因分析

石膏板端呈直角,当贴穿孔纸带后,由于纸带厚度,出现明显痕迹。

2) 防治措施

生产倒角板是处理好板面接缝的基本条件,订货时提出要求,若生产不是倒角板,还可在现场加工。

(2) 石膏板隔墙墙板与结构连接不牢

复合石膏板的这一质量通病,产生原因及防治措施与上述相同;工字龙骨板隔墙的质量通病是:隔墙与主体结构连接不严,但多出现在边龙骨。

1) 原因分析

边龙骨预先粘好薄木块,作为主要粘结点,当木块厚度超过龙骨翼缘宽度时,因木块是断续的,因而造成连接不严;龙骨变形也会出现上述情况。

2) 防治措施

边龙骨粘木块时,应控制其厚度不得超过龙骨翼缘,同时,边龙骨应经过挑选。安装边龙骨时,翼缘边部顶端应满涂108胶水泥砂浆,使之粘结严密。

(3) 加气混凝土条板隔墙表面不平整

板材缺棱掉角;接缝有错台,表面凹凸不平超出允许偏差值。

1) 原因分析

① 条板不规矩,偏差较大;或在吊运过程中吊具使用不当,损坏板面和棱角。

② 施工工艺不当,安装时不跟线;断板时未锯透就用力断开,造成接触面不平。

③ 安装时用撬棍撬动,磕碰损坏。

2) 防治措施

① 加气混凝土条板在装车、卸车或现场搬运时,应采用专用吊具或用套胶管的钢丝

绳轻吊轻放,并应侧向分层码放,不得平放。

② 条板切割应平整垂直,特别是门窗口边侧必须保持平直;安装前要选板,如有缺棱掉角,应用与加气混凝土材性相近的修补剂进行修补;未经修补的坏板或表面酥松的板不得使用。

③ 安装前应在顶板(或梁底)和墙上弹线,并应在地面上放出隔墙位置线,安装时以一面线为准,接缝要求平顺,不得有错台。

(4) 木板条隔墙与结构或门架固定不牢

门框活动,隔墙松动,严重者影响使用。

1) 原因分析

① 上下槛和立体结构固定不牢;立筋与横撑没有与上下槛形成整体。

② 龙骨不合设计要求。

③ 安装时,施工顺序不正确。

④ 门口处下槛被断开后未采取加强措施。

2) 防治措施

① 横撑不宜与隔墙立筋垂直,而应倾斜一些,以便调节松紧和钉钉子。其长度应比立筋净空大 10~15mm,两端头按相反方向锯成斜面,以便与立筋连接紧密,增强墙身的整体性和刚度。

② 立筋间距应根据进场板条长度考虑,量材使用,但最大间距不得超过 500mm。

③ 上下槛要与主体结构连接牢固,能伸入结构部分应伸入嵌牢。

④ 选材符合要求,不得有影响使用的瑕疵,断面不应小于 40mm×70mm。

⑤ 正确按施工顺序安装。

⑥ 门口等处应按实际补强,采用加大用料断面,通天立筋卧入楼板锚固等。

案例分析

(1) 背景

某装饰公司在一办公楼装修施工中,根据业主要求,隔墙采用 GRC 轻质空心隔墙板。公司先做一个样板间。按设计要求,隔墙样板施工完毕,在业主验收之前,施工技术人员发现隔墙样板有多道竖向微小裂缝,且缝隙间隔均匀。技术人员立即报告项目技术负责人,项目部通知业主推迟验收,同时马上组织有关人员到现场进行了检测,分析缺陷原因,制定出一系列整改措施。同时拆除了原样板,按整改措施严格施工,顺利通过业主验收。

(2) 问题

1) GRC 轻质空心隔墙板有哪些优点。

2) 分析 GRC 轻质空心隔墙裂缝原因。

3) 应采取哪些措施预防 GRC 轻质空心隔墙裂缝?

(3) 分析

1) GRC 是 Glass Fiber Rinforced Cement(玻璃纤维增强水泥)的缩写,是一种新型轻质墙体材料。近年来 GRC 轻质空心隔墙板因其具有轻质、耐水、防潮、安装速度快且易于操作、可提高建筑使用面积等优点,又能有效保护耕地、推进工业废料利用,而逐步得到推广应用。

2) 通过现场观测，裂缝竖向垂直，裂缝之间宽度正好和 GRC 板材宽度一致，裂缝处正好是板材的接缝处。拆除板材，发现板材边缘有没处理干净的废机油。板材生产厂家使用废机油做为脱模剂，施工人员在施工时，没有把板材的脱模剂处理干净，造成边缘的墙板与嵌缝砂浆之间的粘结力减小，同时施工完毕后，室内外温差大，材料之间热胀冷缩系数不同，导致隔墙产生裂缝缺陷。除此之外，还有其他因素也会使 GRC 轻质空心隔墙产生裂缝。譬如板自身质量对板缝开裂的影响，板材配比不合理，强度低，极易开裂；养护期不足，收缩未完成即出厂；还有施工安装的因素，湿板上墙，安装后的板材产生干燥收缩，在抗拉最薄弱的环节——板与板、板与墙柱、梁板或房顶交接处，易产生裂缝；连续长墙安装。大开间结构的建筑，一次安装过长的墙板，由于各种收缩因素的累积产生收缩应力，造成墙板开裂；墙板开槽回填不实，填洞材料与尺寸不规范，产生内应力，易造成墙板开裂；配制粘接胶浆用的水泥强度等级与 GRC 板所用水泥强度等级不一致，也容易在粘接处因两种水泥的缩水性能不一致而导致开裂，等等。

3) 防止板缝及空洞处开裂的措施

① 控制进场板材质量。GRC 板要求质地均匀、密实，棱角楔头完整，板面平整，纵向无扭曲等缺陷；强度低、养护期不到的不得进场；选用非废机油脱模剂的板材，或安装前及时、认真清理；尽量选用半圆弧企口形板缝的板材。

② 施工前必须选用充分干燥的 GRC 轻板。

③ 改进施工工序。严格按下列工艺流程组织施工：清整楼面→定位放线→配板→安装上端钢卡板→配制胶结料→接口抹灰→立板临时固定→板缝处理及粘贴嵌缝带→下端钢卡板安装→板缝养护→装饰层施工前基层处理→设置标点（筋）→装饰粘结层→装饰基层→装饰面层→涂层。

④ 选用和与 GRC 轻板同品种、同强度等级的水泥配制粘接胶浆；板间竖向接口用低碱水泥胶（低碱水泥：107 胶：水＝2：1：0.2）胶结料；也可采用专用嵌缝剂，嵌缝剂应具有抗裂性，一般须在产品中掺加抗裂纤维以增加柔韧性、提高抗裂性能，常用的纤维有木纤维、杜拉纤维和丙纶等。

⑤ 竖向板缝，要将接口胶结料挤压密实，随时捻口，GRC 板上下水平缝要用低碱水泥砂浆嵌缝并抹成八字角。竖板缝两侧粘 80mm 宽嵌缝带。

⑥ 对于大开间的结构，安装时每隔 3～5m 预留一处安装缝不处理，放置一段时间，待应力释放完毕后再处理。

⑦ 提高操作工人责任心和技术水平，操作工人要经过专业岗前教育培训，安装工人必须相对稳定。

8. 识别涂饰工程中常见的质量缺陷并能分析处理

(1) 外墙涂料饰面起鼓、起皮、脱落

1) 原因分析

① 基层表面不坚实，不干净，受油污、粉尘、浮灰等杂物污染。

② 新抹水泥砂浆基层湿度大，碱性也大，析出结晶粉末而造成起鼓、起皮。

③ 基层表面太光滑，腻子强度低，造成涂膜起皮脱落。

2) 防治措施

① 涂刷底釉涂料前,对基层缺陷进行修补平整;刷除表面油污、浮灰。

② 检查基层是否干燥,含水率应小于10%;新抹水泥砂浆基面夏季养护7d以上;冬季养护14d以上。现浇混凝土墙面夏季养护10d以上;冬季20d以上。基面碱性不宜过大,pH值为10左右。

③ 外墙过干,施涂前可稍加湿润,然后涂抗碱底漆或封闭底漆。

④ 当基层表面太光滑时,要适当敲毛,出现小孔、麻点可用107胶水配滑石粉作腻子刮平。

(2) 外墙涂料花纹不匀,花纹图案大小不一;局部流淌下坠;有明显的接槎

1) 原因分析

① 喷涂骨架层时,骨料稠度改变;空压机压力变化过大;喷嘴距基层距离、角度变化及喷涂快慢不匀等都会造成花纹大小不一致。

② 基层局部特别潮湿;局部喷涂时间过长、喷涂量过大及骨料添加不及时,都会造成花纹图案不一致或局部流淌下坠。

③ 操作工艺掌握不准确,如斜喷、重复喷,未在分格缝处接槎,随意停喷,或虽然在分格处接槎,但未遮挡,未成活一面溅上部分骨料等,都会造成明显接槎。

2) 防治措施

① 控制好骨料稠度,专人负责搅拌;空压机压力、喷嘴距基层面距离、角度、移动速度等应保持基本一致。

② 基层应干湿一致。如基层表面有明显接槎,须事先修补平整。脚手架与基层面净距不小于300mm,保证不影响喷嘴垂直对准基面。

③ 防止放"空枪",应有专人加骨料;局部成片出浆、流坠,要及时铲去重喷。

④ 喷涂要连续作业,保持工作面"软接槎",到分格缝处停歇。

⑤ 停歇前,应有专人作好未成活部位的遮挡工作,若已溅上骨料应及时清除。

(3) 内墙和顶棚涂料涂层颜色不均匀

1) 原因分析

① 不是同批涂料,颜料掺量有差异。

② 使用涂料时未搅拌匀或任意加水,使涂料本身颜色深浅不同,造成墙面颜色不均匀。

③ 基层材料差异,混凝土或砂浆龄期相差悬殊,湿度、碱度有明显差异。

④ 基层处理差异,如光滑程度不一,有明显接槎、有光面、有麻面等差别,涂刷涂料后,由于光影作用,看上去显得墙面颜色深浅不匀。

⑤ 施工接槎未留在分格缝或阴阳角处,造成颜色深浅不一致的现象。

2) 防治措施

① 同一工程,应选购同厂同批涂料;每批涂料的颜料和各种材料配合比例须保持一致。

② 由于涂料易沉淀分层,使用时必须将涂料搅匀,并不得任意加水。确因特殊情况需要加水时,应掌握均匀一致。

③ 基层是混凝土时,龄期应在28d以上,砂浆可在7d以上,含水率小于10%,pH

值在10以下。

④ 基层表面麻面小孔，应事先修补平整，砂浆修补龄期不少于3d；若有油污、铁锈、脱模剂等污物时，须先用洗涤剂清洗干净。

⑤ 严格执行操作规程，接槎必须在施工缝或阴阳角处，不得任意停工甩槎。

（4）内墙和顶棚涂料涂层色淡易掉粉

涂料涂层干燥后，局部色淡且该处易掉粉末。

1）原因分析

① 使用涂料时未搅拌均匀。桶内上部料稀，色料上浮，遮盖力差；下面料稠，填料沉淀，色淡，涂刷后易脱粉。

② 涂料质量不合标准，耐水性能不合格。

③ 混凝土及砂浆基层龄期短，含水率高，碱度大。

④ 施工涂刷时，气温低于涂料最低成膜温度，或涂料未成膜即被水冲洗。

⑤ 涂料加水过多，涂料太稀，成膜不完善。

2）防治措施

① 基层须干燥，含水率应小于10%（若选用湿墙涂料另作考虑），并清理干净，并作必要的表面处理。若修补找平时，应用水泥砂浆或水泥乳胶腻子。

② 施工气温不宜过低，应在10℃以上，阴雨潮湿天不宜施工。

③ 基层材料龄期必须符合有关规定，如混凝土应28d以上；水泥砂浆不少于7d。

④ 涂料加水，必须严格按出厂说明要求进行，不得任意加水稀释。

⑤ 根据基层不同，正确选用涂料和配制腻子。如氯偏共聚乳液涂料不能和有机溶剂、石灰水一起使用；过氯乙烯涂料与石膏反应强烈，不能直接涂于石膏腻子基层上等。

（5）多彩内墙涂料施工向下流淌

1）原因分析

喷涂涂料太厚，自重较大，涂料不能很好挂住形成向下流淌的现象。

2）防治措施

① 正确操作，宜先试喷，控制速度、厚薄及喷涂距离等。

② 转角处使用遮盖物，减少两个面互相干扰。

（6）多彩内墙涂料花纹不规则

喷涂面花纹紊乱，无规则，影响美观。

1）原因分析

① 喷涂时压力时大时小。

② 喷涂操作工艺掌握不当。

③ 喷涂条件不佳或不足影响。

④ 喷涂过薄，遮盖率达不到标准。

2）防治措施

① 事先检查喷涂设备，保证喷涂压力稳定在0.25～0.30MPa。

② 正确操作，喷嘴到喷涂面距离为300～400mm；喷涂速度前后一致，遵守操作规程。

③ 由专人负责，保证脚手架高度，照明一致，便于操作和观察。

④ 有一定喷涂厚度，保证达到适当的遮盖率。

案例分析

（1）背景

某大学图书楼大厅墙面基层为水泥砂浆面，按设计要求，采用多彩内墙涂料饰面。该涂料的特点：涂层无接缝，整体性强，无卷边和霉变，耐油、耐水、耐擦洗，施工方便、效率高。涂饰前作了技术交底，并明确了验收要求。验收时发现如下缺陷：流挂、不均匀光泽、剥落、涂膜表面粗糙。

（2）问题

试分析产生上述各缺陷的原因。

（3）分析

① 流挂。喷涂太厚，尤其多发生在转角处。

② 不均匀光泽。中涂层吸收面层涂料不均匀。

③ 剥落（呈壳状）。表面潮湿；基层强度低；用水过度稀释中涂料；中涂料没有充分干燥。

④ 表面粗糙。涂料用量不足。

9. 识别裱糊与软包工程中的质量缺陷并能分析处理

（1）离缝或亏纸

相邻壁纸间的连接缝隙超过允许范围称为离缝；壁纸的上口与挂镜线（无挂镜线时，为弹的水平线），下口与踢脚线连接不严，显露基面称为亏纸。

1) 原因分析

① 裁割壁纸未按照量好的尺寸，裁割尺寸偏小，裱糊后出现亏纸；或丈量尺寸本身偏小，也会造成亏纸。

② 第1张壁纸裱糊后，在裱糊第2张壁纸时，未连接准确就压实；或虽连接准确，但裱糊操作时赶压底层胶液推力过大而使壁纸伸胀，在干燥过程中产生回缩，造成离缝或亏纸现象。

③ 搭接裱糊壁纸裁割时，接缝处不是一刀裁割到底，而是变换多次刀刃的方向或钢直尺偏移，使壁纸忽胀忽亏，裱糊后亏损部分就出现离缝。

2) 防治措施

① 裁割壁纸前，应复核裱糊墙面实际尺寸和需裁壁纸尺寸。直尺压紧纸后不得移动，刀刃紧贴尺边，一气呵成，手动均匀，不得中间停顿或变换持刀角度。尤其是裁割已裱糊在墙上的壁纸时，更不能用力过猛，防止将墙面划出深沟，使刀刃受损，影响再次裁割质量。

② 裁割壁纸一般以上口为准，上、下口可比实际尺寸略长 10~20mm；花饰壁纸应将上口的花饰全部统一成一种形状，壁纸裱糊后，在上口线和踢脚线上口压尺，分别裁割掉多余的壁纸；有条件时，也可只在下口留余量，裱糊完后割掉多余部分。

③ 裱糊前壁纸要先"焖水"，使其受糊后横向伸胀，一般 800mm 宽的壁纸闷水后约

胀出 10mm。

④ 裱糊的每一张壁纸都必须与前一张靠紧，争取无缝隙，在赶压胶液时，由拼缝处横向往外赶压胶液和气泡，不准斜向来回赶压或由两侧向中间推挤，应使壁纸对好缝后不再移动，如果出现位移要及时赶回原来位置。

⑤ 出现离缝或亏纸轻微的裱糊工程饰面，可用同壁纸颜色相同的乳胶漆点描在缝隙内，漆膜干燥后可以掩盖；对于稍严重的部位，可用相同的壁纸补贴，不得有痕迹；严重部分宜撕掉重贴。

(2) 花饰不对称

有花饰的壁纸裱糊后，两张壁纸的正反面、阴阳面，或者在门窗口的两边、室内对称的柱子、两面对称的墙壁等部位出现裱糊的壁纸花饰不对称现象。

1) 原因分析

① 裱糊壁纸前没有区分无花饰和有花饰壁纸的特点，盲目裁割壁纸。

② 在同一张纸上印有正花和反花、阴花和阳花饰，裱糊时未仔细区别，造成相邻壁纸花饰相同。

③ 对要裱糊壁纸的墙面未进行周密的观察研究，门窗口的两边、室内对称的柱子、两面对称的墙，裱糊壁纸的花饰不对称。

2) 防治措施

① 壁纸裁割前对于有花饰的壁纸经认真区别后，将上口的花饰全部统一成一种形状，按照实际尺寸留出余量统一裁割。

② 在同一张纸上印有正花和反花、阴花和阳花饰时，要仔细分辨，最好采用搭接法进行裱糊，以避免由于花饰略有差别而误贴。如采用接缝法施工，已裱糊的壁纸边花饰如为正花，必须将第 2 张壁纸边正花饰裁割掉。

③ 对准备裱糊壁纸的房间应观察有无对称部位，若有，应认真设计排列壁纸花饰，应先裱糊对称部位，如房间只有中间一个窗户，裱糊在窗户取中心线，并弹好粉线，向两边分贴壁纸，这样壁纸花饰就能对称；如窗户不在中间，为使窗间墙阳角花饰对称，也可以先弹中心线向两侧裱糊。

④ 对花饰明显不对称的壁纸饰面，应将裱糊的壁纸全部铲除干净，修补好基层，重新按工艺规程裱糊。

(3) 壁纸翘边

壁纸边沿脱胶离开基层而卷翘的现象。

1) 原因分析

① 涂刷胶液不均匀，漏刷或胶液过早干燥。

② 基层有灰尘、油污等，或表面粗糙干燥、潮湿，胶液与基层粘结不牢，使纸边翘起。

③ 胶粘剂黏性小，造成纸边翘起，特别是阴角处，第 2 张壁纸粘贴在第 1 张壁纸的塑料面上，更易出现翘起。

④ 阳角处裹过阳角的壁纸宽度小于 20mm，未能克服壁纸的表面张力，也易翘起。

2) 防治措施

① 根据不同施工环境温度，基层表面及壁纸品种，选择不同的粘胶剂，并涂刷均匀。

② 基层表面的灰尘、油污等必须清除干净，含水率不得超过8%。若表面凹凸不平，应先用腻子刮抹平整。

③ 阴角壁纸搭缝时，应先裱糊压在里面的壁纸，再用粘性较大的胶液粘贴面层壁纸。搭接宽度一般不大于3mm。纸边搭在阴角处，并且保持垂直无毛边。

④ 严禁在明角处甩缝，壁纸裹过阳角应不小于20mm，包角壁纸必须使用粘性较强的胶液，并要压实，不能有空鼓和气泡，上、下必须垂直，不能倾斜。有花饰的壁纸更应注意花纹与阳角直线的关系。

⑤ 将翘边壁纸翻起来，检查产生翘边原因，属于基层有污物的，待清理后，补刷胶液重新粘牢，属于腔粘剂胶性小的，应换用胶性较大的胶粘剂粘贴；如果壁纸翘边已坚硬，除了应使用较强的胶粘剂粘贴外，还应加压，待粘牢平整后，才能去掉压力。

(4) 空鼓（气泡）

壁纸表面出现小块凸起，用手指按压时，有弹性和与基层附着不实的感觉，敲击时有鼓音。

1) 原因分析

① 裱糊壁纸时，赶压不得当，往返挤压胶液次数过多，使胶液干结失去粘结作用；或赶压力量太小，多余的胶液未能挤出，存留在壁纸内部，长时间不能干结，形成胶囊状；或未将壁纸内部的空气赶出而形成气泡。

② 基层或壁纸底面，涂刷胶液厚薄不匀或漏刷。

③ 基层潮湿，含水率超过有关规定，或表面的灰尘、油污未消除干净。

④ 石膏板表面的纸基起泡或脱落。

⑤ 白灰或其他基层较松软，强度低，裂纹空鼓，或孔洞、凹陷处未用腻子刮平，填补不坚实。

2) 防治措施

① 严格按壁纸裱糊工艺操作，必须用刮板由里向外刮抹，将气泡或多余的胶液赶出。

② 裱糊壁纸的基层必须干燥，含水率不超过8%；有孔洞或凹陷处，必须用石膏腻子或大白粉、滑石粉、乳胶腻子刮抹平整，油污、尘土必须清除干净。

③ 石膏板表面纸基起泡、脱落，必须清除干净，重新修补好纸基。

④ 涂刷胶液必须厚薄均匀一致，绝对避免漏刷。为了防止胶液不匀，涂刷胶液后，可用刮板刮1遍，把多余的胶液回收再用。

⑤ 由于基层含有潮气或空气造成空鼓，应用刀子割开壁纸，将潮气或空气放出，待基层完全干燥或把鼓包内空气排出后，用医用注射针将胶液打入鼓包内压实，使之粘贴牢固。壁纸内含有胶液过多时，可使用医药注射针穿透壁纸层，将胶液吸收后再压实即可。

10. 识别细部工程中的质量缺陷并能分析处理

(1) 窗帘盒、金属窗帘杆安装

1) 窗帘盒安装不平、不正：主要是找位、划尺寸线不认真，预埋件安装不准，调整处理不当。安装前做到画线正确,安装量尺必须使标高一致、中心线准确。

2) 窗帘盒两端伸出的长度不一致:主要是窗中心与窗帘盒中心相对不准,操作不认真所致。安装时应核对尺寸使两端长度相同。

3) 窗帘轨道脱落:多数由于盖板太薄或螺丝松动造成。一般盖板厚度不宜小于15mm;薄于15mm的盖板应用机螺丝固定窗帘轨。

4) 窗帘盒迎面板扭曲:加工时木材干燥不好,入场后存放受潮,安装时应及时刷油漆一遍。

(2) 壁柜、吊柜及固定家具安装

1) 抹灰面与框不平,造成贴脸板、压缝条不平:主要是因框不垂直,面层平度不一致或抹灰面不垂直。

2) 柜框安装不牢:预埋木砖安装时碰活动,固定点少,用钉固定时,要数量够,木砖埋牢固。

3) 合页不平,螺丝松动,螺帽不平正,缺螺丝:合页槽深浅不一,安装时螺丝钉打入太长。操作时螺丝打入长度1/3,拧入深度应2/3,不得倾斜。

4) 柜框与洞口尺寸误差过大,造成边框与侧墙、顶与上框间缝隙过大,注意结构施工留洞尺寸,严格检查确保洞口尺寸。

(3) 开关、插座安装

1) 开关、插座的面板不平整,与建筑物表面之间有缝隙,应调整面板后再拧紧固定螺丝,使其紧贴建筑物表面。

2) 开关未断相线,插座的相线、零线及地线压接混乱,应按要求进行改正。

3) 多灯房间开关与控制灯具顺序不对应。在接线时应仔细分清各路灯具的导线,依次压接,并保证开关方向一致。

4) 固定面板的螺丝不统一(有一字和十字螺丝)。为了美观,应选用统一的螺丝。

5) 同一房间的开关、插座的安装高度差超出允许偏差范围,应及时更正。

6) 铁管进盒护口脱落或遗漏。安装开关、插座接线时,应注意把护口带好。

7) 开关、插座面板已经上好,但盒子过深(大于2.5cm),未加套盒处理,应及时补上。

8) 开关、插销箱内拱头接线,应改为鸡爪接导线总头,再分支导线接各开关或插座端头。或者采用LC安全型压线帽压接总头后,再分支进行导线连接。

八、装饰装修工程质量检验与评定

建筑工程质量验收应划分为单位（子单位）工程、分部（子分部）工程、分项工程和检验批，装饰装修工程是建筑工程的一个分部工程，当建筑工程只有装饰装修分部时，该工程应作为单位工程验收。建筑装饰装修工程的子分部工程及其分项工程的划分见表 8-1。

建筑装饰装修工程的子分部工程及其分项工程的划分　　　　表 8-1

项 次	子分部工程	分项工程
1	抹灰工程	一般抹灰、装饰抹灰、清水砌体勾缝
2	门窗工程	木门窗制作与安装、金属门窗安装、塑料门窗安装、特种门安装、门窗玻璃安装
3	吊顶工程	暗龙骨吊顶、明龙骨吊顶
4	轻质隔墙工程	板材隔墙、骨架隔墙、活动隔墙、玻璃隔墙
5	饰面板（砖）工程	饰面板安装、饰面砖粘贴
6	幕墙工程	玻璃幕墙、金属幕墙、石材幕墙
7	涂饰工程	水性涂料涂饰、溶剂型涂料涂饰、美术涂饰
8	裱糊与软包工程	裱糊、软包
9	细部工程	橱柜制作与安装，窗帘盒、窗台板和暖气罩制作与安装，门窗套制作与安装，护栏和扶手制作与安装，花饰制作与安装
10	建筑地面工程	基层、整体面层、板块面层、竹木面层

（一）抹灰子分部工程

1. 一般规定

适用于一般抹灰、装饰抹灰和清水砌体勾缝等分项工程的质量验收。

（1）抹灰工程验收时应检查下列文件和记录：
① 抹灰工程的施工图、设计说明及其他设计文件。
② 材料的产品合格证书、性能检测报告、进场验收记录和复验报告。
③ 隐蔽工程验收记录。
④ 施工记录。
（2）抹灰工程应对水泥的凝结时间和安定性进行复验。
（3）抹灰工程应对下列隐蔽工程项目进行验收：
① 抹灰总厚度大于或等于 35mm 时的加强措施。
② 不同材料基体交接处的加强措施。

(4) 各分项工程的检验批应按下列规定划分：

① 相同材料、工艺和施工条件的室外抹灰工程每 500~1000m^2 应划为一个检验批，不足 500m^2 也应划为一个检验批。

② 相同材料、工艺和施工条件的室内抹灰工程每 50 个自然间（大面积房间和走廊按抹灰面积 30m^2 为一间）应划分为一个检验批，不足 50 间也应划分为一个检验批。

2. 一般抹灰分项工程

一般抹灰分项工程检验批质量检验标准　　　　表 8-2

项	序号	项目	合格质量标准	检验方法	检查数量
主控项目	1	基层表面	抹灰前基层表面的尘土、污垢、油渍等应清除干净，并应洒水润湿	检查施工记录	① 室内每个检验批应至少抽查10%，并不得少于3间；不足3间时应全数检查。 ② 室外每个检验批每100m^2应至少抽查一处，每处不得小于10m^2
	2	材料的品种和性能	一般抹灰所用材料的品种和性能应符合设计要求。水泥的凝结时间和安定性复验应合格。砂浆的配合比应符合设计要求	检查产品合格证书、进场验收记录、复验报告和施工记录	
	3	操作要求	抹灰工程应分层进行。当抹灰总厚度大于或等于35mm时，应采取加强措施。不同材料基体交接处表面的抹灰，应采取防止开裂的加强措施，当采用加强网时，加强网与各基体的搭接宽度不应小于100mm	检查隐蔽工程验收记录和施工记录	
	4	层粘结及面层质量	抹灰层与基层之间及各抹灰层之间必须粘结牢固，抹灰层无脱层、空鼓，面层应无爆灰和裂缝	观察；用小锤轻击检查；检查施工记录	
一般项目	1	表面质量	一般抹灰工程的表面质量应符合下列规定： ① 普通抹灰表面应光滑、洁净、接槎平整，分格缝应清晰。 ② 高级抹灰表面应光滑、洁净、颜色均匀、无抹纹，分格缝和灰线应清晰美观	观察；手摸检查	
	2	细部质量	护角、孔洞、槽、盒周围的抹灰表面应整齐、光滑；管道后面的抹灰表面应平整	观察	
	3	层的总厚度及层间材料	抹灰层的总厚度应符合设计要求；水泥砂浆不得抹在石灰砂浆层上；罩面石膏灰不得抹在水泥砂浆层上	检查施工记录	
	4	分格缝	抹灰分格缝的设置应符合设计要求，宽度和深度应均匀，表面应光滑，棱角应整齐	观察；尺量检查	
	5	滴水线（槽）	有排水要求的部位应做滴水线（槽）。滴水线（槽）应整齐顺直，滴水线应内高外低，滴水槽宽度和深度均不应小于10mm	观察；尺量检查	
	6	允许偏差	一般抹灰工程质量的允许偏差和检验方法应符合表8-3的规定	见表8-3	

一般抹灰的允许偏差和检验方法 表8-3

项次	项目	允许偏差（mm） 普通抹灰	允许偏差（mm） 高级抹灰	检验方法
1	立面垂直度	4	3	用2m垂直检测尺检查
2	表面平整度	4	3	用2m靠尺和塞尺检查
3	阴阳角方正	4	3	用直角检测尺检查
4	分格条（缝）直线度	4	3	用5m线，不足5m拉通线，用钢直尺检查
5	墙裙、勒脚上口直线度	4	3	拉5m线，不足5m拉通线，用钢直尺检查

注：1. 普通抹灰，本表第3项阴角方正可不检查；
　　2. 顶棚抹灰，本表第2项表面平整度可不检查，但应平顺。

3. 装饰抹灰分项工程

装饰抹灰分项工程检验批质量检验标准 表8-4

项	序号	项目	合格质量标准	检验方法	检查数量
主控项目	1		同一般抹灰工程		① 室内每个检验批应至少抽查10%，并不得少于3间；不足3间时应全数检查。② 室外每个检验批每100m²应至少抽查一处，每处不得小于10m²
主控项目	2		同一般抹灰工程		
主控项目	3		同一般抹灰工程		
主控项目	4		同一般抹灰工程		
一般项目	1	表面质量	装饰抹灰工程的表面质量应符合下列规定：① 水刷石表面应石粒清晰、分布均匀、紧密平整、色泽一致，应无掉粒和接槎痕迹。② 斩假石表面剁纹应均匀顺直、深浅一致，应无漏剁处；阳角处应横剁并留出宽窄一致的不剁边条，棱角应无损坏。③ 干粘石表面应色泽一致、不露浆、不漏粘，石粒应粘结牢固、分布均匀，阳角处应无明显黑边。④ 假面砖表面应平整、沟纹清晰、留缝整齐、色泽一致，应无掉角、脱皮、起砂等缺陷	观察；手摸检查	
一般项目	2	分格条（缝）	装饰抹灰分格条（缝）的设置应符合设计要求，宽度和深度应均匀，表面应平整光滑，棱角应整齐	观察	
一般项目	3	滴水线（槽）	有排水要求的部位应做滴水线（槽）。滴水线（槽）应整齐顺直，滴水线应内高外低，滴水槽的宽度和深度均不应小于10mm	观察；尺量检查	
一般项目	4	允许偏差	装饰抹灰工程质量的允许偏差和检验方法应符合表8-5的规定	见表8-5	

装饰抹灰的允许偏差和检验方法 表 8-5

项次	项目	允许偏差（mm）				检验方法
		水刷石	斩假石	干粘石	假面砖	
1	立面垂直度	5	4	5	5	用2m靠尺和塞尺检查
2	表面平整度	3	3	5	4	用2m靠尺和塞尺检查
3	阳角方正	3	3	4	4	用直角检测尺检查
4	分格条（缝）直线度	3	3	3	3	用5m线，不足5m拉通线，用钢直尺检查
5	墙裙、勒脚上口直线度	3	3	—	—	用5m线，不足5m拉通线，用钢直尺检查

4. 清水砌体分项工程（略）

（二）门窗子分部工程

1. 一般规定

适用于木门窗制作安装、金属安装、塑料门窗安装、特种门安装、门窗玻璃安装等分项工程的质量验收。

（1）门窗工程验收时应检查下列文件和记录：

① 门窗工程的施工图、设计说明及其他设计文件。

② 材料的产品合格证书、性能检测报告、进场验收记录和复验报告。

③ 特种门及其附件的生产许可文件。

④ 隐蔽工程验收记录、施工记录。

（2）门窗工程应对下列材料及其性能指标进行复验：

① 人造木板的甲醛含量。

② 建筑外墙金属窗、塑料窗的抗风性能、空气渗透性能和雨水渗漏性能。

（3）门窗工程应对下列隐蔽工程项目进行验收：

① 预埋件和锚固件。

② 隐蔽部位的防腐、填嵌处理。

（4）各分项工程的检验批应按下列规定划分：

① 同一品种、类型和规格的木门窗、金属门窗、塑料门窗及门窗玻璃每100樘应划分为一个检验批，不足100樘也应划分为一个检验批。

② 同一品种、类型和规格的特种门每50樘应划分为一个检验批，不足50樘也应划分为一个检验批。

2. 木门窗制作与安装分项工程

木门窗制作与安装分项工程按工艺形成两个检验批，一个是木门窗制作检验批，另一个是木门窗安装检验批。

(1) 木门窗制作分项工程检验批

木门窗制作分项工程检验批质量检验标准　　　　表8-6

项	序号	项目	合格质量标准	检验方法	检查数量
主控项目	1	材料质量	木门窗的木材品种、材质等级、规格、尺寸、框扇的线型及人造木板的甲醛含量应符合设计要求	观察；检查材料进场验收记录和复验报告	每个检验批应至少抽查5%，并不得少于3樘，不足3樘时应全数检查；高层建筑的外窗，每个检验批应至少抽查10%，并不得少于6樘，不足6樘时应全数检查
	2	木材含水率	木门窗应采用烘干的木材，含水率应符合《建筑木门、木窗》(JG/T122)的规定	检查材料进场验收记录	
	3	防火、防腐、防虫	木门窗的防火、防腐、防虫处理应符合设计要求	观察；检查材料进场验收记录	
	4	木节及虫眼	木门窗的结合处和安装配件处不得有木节或已填补的木节。木门窗如有允许限值以内的死节及直径较大的虫眼时，应用同一材质的木塞加胶填补。对于清漆制品，木塞的木纹和色泽应与制品一致	观察	
	5	榫槽连接	门窗框和厚度大于50mm的门窗扇应用双榫连接。榫槽应采用胶料严密嵌合，并应用胶楔加紧	观察；手扳检查	
	6	胶合板门、纤维板门压模质量	胶合板门、纤维板门和模压门不得脱胶。胶合板不得创透表层单板，不得有戗槎。制作胶合板门、纤维板门时，边框和横楞应在同一平面上，面层、边框及横楞应加压胶结。横楞和上、下冒头应各钻两个以上的透气孔，透气孔应通畅	观察	
一般项目	1	木门窗表面质量	木门窗表面应洁净，不得有刨痕、锤印	观察	
	2	木门窗的割角拼缝	木门窗的割角、拼缝应严密平整。门窗框、扇裁口应顺直，刨面应平整	观察	
	3	木门窗槽孔质量	木门窗上的槽、孔应边缘整齐，无毛刺	观察	
	4	允许偏差	木门窗制作的允许偏差和检验方法应符合表8-7的规定	见表8-7	

木门窗制作的允许偏差和检验方法　　　　表8-7

项次	项目	构件名称	允许偏差（mm）		检验方法
			普通	高级	
1	翘曲	框	3	2	将框、扇平放在检查平台上，用塞尺检查
		扇	2	2	
2	对角线长度差	框、扇	3	2	用钢尺检查，框量裁口里角，扇量外角
3	表面平整度	扇	2	2	用1m靠尺和塞尺检查
4	高度、宽度	框	0；-2	0；-1	用钢尺检查，框量裁口里角，扇量外角
		扇	+2；0	+1；0	
5	裁口、线条结合处高低差	框、扇	1	0.5	用钢直尺和塞尺检查
6	相邻棂子两端间距	扇	2	1	用钢直尺检查

(2) 木门窗安装分项工程检验批

木门窗安装分项工程检验批质量检验标准　　　　表 8-8

项	序号	项 目	合格质量标准	检验方法	检查数量
主控项目	1	木门窗的品种、规格、安装位置	木门窗的品种、类型、规格、开启方向、安装位置及连接方式应符合设计要求	观察；尺量检查；检查成品门的产品合格证书	每个检验批应至少抽查5%，并不得少于3樘，不足3樘时应全数检查；高层建筑的外窗，每个检验批应至少抽查10%，并不得少于6樘，不足6樘时应全数检查
主控项目	2	木门窗框的安装必须牢固	木门窗框的安装必须牢固。预埋木砖的防腐处理、木门窗框固定点的数量、位置及固定方法应符合设计要求	观察；手扳检查；检查隐蔽工程验收记录和施工记录	
主控项目	3	木门窗扇安装	木门窗扇必须安装牢固，并应开关灵活，关闭严密，无倒翘	观察；开启和关闭检查；手扳检查	
主控项目	4	木门窗配件安装	木门窗配件的型号、规格、数量应符合设计要求，安装应牢固，位置应正确，功能应满足使用要求	观察；开启和关闭检查；手扳检查	
一般项目	1	缝隙填嵌材料	木门窗与墙体间缝隙的填嵌材料应符合设计要求，填嵌应饱满。寒冷地区外门窗（或门框）与砌体间的空隙应填充保温材料	轻敲门窗框检查；检查隐蔽工程验收记录和施工记录	
一般项目	2	木门窗批水条、盖口条等细部	木门窗批水条、盖口条、压缝条、密封条安装应顺直，与门窗结合应牢固、严密	观察；手扳检查	
一般项目	3	安装留缝限值及允许偏差	木门窗安装的留缝限值、允许偏差和检验方法应符合表8-9的规定	见表8-9	

木门窗安装的留缝限值、允许偏差和检验方法　　　　表 8-9

项次	项 目	留缝限值（mm）		允许偏差（mm）		检验方法
		普通	高级	普通	高级	
1	门窗槽口对角线长度差	—	—	3	2	用钢尺检查
2	门窗框的下、侧面垂直度	—	—	2	1	用1m垂直检测尺检查
3	框与扇、扇与扇接缝高低差	—	—	2	1	用钢直尺和塞尺检查
4	门窗扇对口缝	1~2.5	1.5~2	—	—	用塞尺检查
5	工业厂房双扇大门对口缝	2~5	—	—	—	用塞尺检查
6	门窗扇与上框间留缝	1~2	1~1.5	—	—	用塞尺检查
7	门窗扇与侧框间留缝	1~2.5	1~1.5	—	—	用塞尺检查
8	窗扇与下框间留缝	2~3	2~2.5	—	—	用塞尺检查
9	门扇与下框间留缝	3~5	3~4	—	—	用塞尺检查
10	双层门窗内外框间距	—	—	4	3	用钢尺检查

续表

项次	项目		留缝限值（mm）		允许偏差（mm）		检验方法
			普通	高级	普通	高级	
11	无下框时门扇与地面间留缝	外门	4～7	5～6	—	—	用塞尺检查
		内门	5～8	6～7	—	—	
		卫生间门	8～12	8～10	—	—	
		厂房大门	10～20	—	—	—	

3. 金属门窗安装分项工程

适用于钢门窗、铝合金门窗、涂色镀锌钢板门窗等金属门窗安装工程质量的验收。

金属门窗安装分项工程检验批质量检验标准 表8-10

项	序号	项目	合格质量标准	检验方法	检查数量
主控项目	1	门窗质量	金属门窗的品种、类型、规格、尺寸、性能、开启方向、安装位置、连接方式及铝合金门窗的型材壁厚应符合设计要求。金属门窗的防腐处理及填嵌、密封处理应符合设计要求	观察；尺量检查；检查产品合格证书、性能检测报告、进场验收记录和复验报告；检查隐蔽工程验收记录	每个检验批应至少抽查5%，并不得少于3樘，不足3樘时应全数检查；高层建筑的外窗，每个检验批应至少抽查10%，并不得少于6樘，不足6樘时应全数检查
	2	框和副框安装及预埋件	金属门窗框和副框的安装必须牢固。预埋件的数量、位置、埋设方式、与框的连接方式必须符合设计要求	手扳检查；检查隐蔽工程验收记录	
	3	门窗扇安装	金属门窗扇必须安装牢固，并应开关灵活、关闭严密，无倒翘。推拉门窗必须有防脱落措施	观察；开启和关闭检查；手扳检查	
	4	配件质量及安装	金属门窗配件的型号、规格、数量应符合设计要求，安装应牢固，位置应正确，功能应满足使用要求	观察；开启和关闭检查；手扳检查	
一般项目	1	表面质量	金属门窗表面应洁净、平整、光滑、色泽一致、无锈蚀。大面应无划痕、碰伤。漆膜或保护层应连续	观察	
	2	框与墙体间缝隙	金属门窗框与墙体之间的缝隙应填嵌饱满，并采用密封胶密封。密封胶表面应光滑、顺直、无裂纹	观察；轻敲门框检查；检查隐蔽工程验收记录	
	3	扇密封胶条或毛毡密封条	金属门窗扇的橡胶密封条或毛毡密封条应安装完好，不得脱槽	观察；开启和关闭检查	
	4	排水孔	有排水孔的金属门窗，排水孔应畅通，位置和数量应符合设计要求	观察	
	5	开关力	铝合金门窗推拉门窗扇开关力应不大于100N	用弹簧秤检查	
	6	留缝限值允许偏差	金属门窗安装的留缝限值、允许偏差和检验方法应符合表8-11～表8-13的规定	见表8-11～表8-13	

钢门窗安装的留缝限值、允许偏差和检验方法　　　　表 8-11

项次	项目		留缝限值（mm）	允许偏差（mm）	检验方法
1	门窗槽口宽度、高度	≤1500mm	—	2.5	用钢尺检查
		>1500mm	—	3.5	
2	门窗槽口对角线长度差	≤2000mm	—	5	用钢尺检查
		>2000mm	—	6	
3	门窗框的正、侧面垂直度		—	3	用1m垂直检测尺检查
4	门窗横框的水平度		—	3	用1m水平尺和塞尺检查
5	门窗横框标高		—	5	用钢尺检查
6	门窗竖向偏离中心		—	4	用钢尺检查
7	双层门窗内外框间距		—	5	用钢尺检查
8	门窗框、扇配合间隙		≤2	—	用塞尺检查
9	无下框时门扇与地面间留缝		4~8	—	用塞尺检查

铝合金门窗安装的允许偏差和检验方法　　　　表 8-12

项次	项目		允许偏差（mm）	检验方法
1	门窗槽口宽度、高度	≤1500mm	1.5	用钢尺检查
		>1500mm	2	
2	门窗槽口对角线长度差	≤2000mm	3	用钢尺检查
		>2000mm	4	
3	门窗框的正、侧面垂直度		2.5	用垂直检测尺检查
4	门窗横框的水平度		2	用1m水平尺和塞尺检查
5	门窗横框标高		5	用钢尺检查
6	门窗竖向偏离中心		5	用钢尺检查
7	双层门窗内外框间距		4	用钢尺检查
8	推拉门窗扇与框搭接量		1.5	用钢直尺检查

涂色镀锌钢板门窗安装的允许偏差和检验方法　　　　表 8-13

项次	项目		允许偏差（mm）	检验方法
1	门窗槽口宽度、高度	≤1500mm	2	用钢尺检查
		>1500mm	3	
2	门窗槽口对角线长度差	≤2000mm	4	用钢尺检查
		>2000mm	5	
3	门窗框的正、侧面垂直度		3	用垂直检测尺检查
4	门窗横框的水平度		3	用1m水平尺和塞尺检查
5	门窗横框标高		5	用钢尺检查
6	门窗竖向偏离中心		5	用钢尺检查
7	双层门窗内外框间距		4	用钢尺检查
8	推拉门窗扇与框搭接量		2	用钢直尺检查

4. 塑料门窗安装分项工程

塑料门窗安装分项工程检验批质量检验标准　　　　表8-14

项	序号	项　目	合格质量标准	检验方法	检查数量
主控项目	1	门窗质量	塑料门窗的品种、类型、规格、尺寸、开启方向、安装位置、连接方式及填嵌密封处理应符合设计要求，内衬增强型钢的壁厚及设置应符合国家现行产品标准的质量要求	观察；尺量检查；检查产品合格证书、性能检测报告、进场验收记录和复验报告；检查隐蔽工程验收记录	每个检验批应至少抽查5%，并不得少于3樘，不足3樘时应全数检查；高层建筑的外窗，每个检验批应至少抽查10%，并不得少于6樘，不足6樘时应全数检查
	2	框、扇安装及预埋件	塑料门窗框、副框和扇的安装必须牢固。固定片或膨胀螺栓的数量与位置应正确，连接方式应符合设计要求。固定点应距窗角、中横框、中竖框150～200mm，固定点间距不大于600mm	观察；手扳检查；检查隐蔽工程验收记录	
	3	拼樘料与框连接	塑料门窗拼樘料内衬增加型钢的规格、壁厚必须符合设计要求，型钢应与型材内腔紧密吻合，其两端必须与洞口固定牢固。窗框必须与拼樘料连接紧密，固定点间距应不大于600mm	观察；手扳检查；尺量检查；检查进场验收记录	
	4	门窗扇安装	塑料门窗扇应开关灵活、关闭严密，无倒翘。推拉门窗扇必须有防脱落措施	观察；开启和关闭检查；手扳检查	
	5	配件质量及安装	塑料门窗配件的型号、规格、数量应符合设计要求，安装应牢固，位置应正确，功能应满足使用要求	观察；手扳检查；尺量检查	
	6	框与墙体缝隙填嵌	塑料门窗框与墙体间缝隙应采用闭孔弹性材料填嵌饱满，表面应采用密封胶封闭。密封胶应粘结牢固，表面应光滑、顺直、无裂纹	观察；检查隐蔽工程验收记录	
一般项目	1	表面质量	塑料门窗表面应洁净、平整、光滑，大面应无划痕、碰伤	观察	
	2	密封条及旋转门窗间隙	塑料门窗扇的密封条不得脱槽。旋转窗间隙应基本均匀		
	3	门窗扇开关力	塑料门窗扇的开关力应符合下列规定：①平开门窗扇平铰链的开关力应不大于80N；滑撑铰链的开关力应不大于80N，并不小于30N。②推拉门窗扇的开关力不大于100N	观察；用弹簧秤检查	
	4	玻璃密封条、玻璃槽口	玻璃密封条与玻璃槽口的接缝应平整，不得卷边、脱槽	观察	
	5	排水孔	排水孔应畅通，位置和数量应符合设计要求		
	6	安装允许偏差	塑料门窗安装的允许偏差和检验方法应符合表8-15的规定	见表8-15	

塑料门窗安装的允许偏差和检验方法 表 8-15

项次	项目		允许偏差（mm）	检验方法
1	门窗槽口宽度、高度	≤1500mm	2	用钢尺检查
		>1500mm	3	
2	门窗槽口对角线长度差	≤2000mm	3	用钢尺检查
		>2000mm	5	
3	门窗框的正、侧面垂直度		3	用1m垂直检测尺检查
4	门窗横框的水平度		3	用1m水平尺和塞尺检查
5	门窗横框标高		5	用钢尺检查
6	门窗竖向偏离中心		5	用钢直尺检查
7	双层门窗内外框间距		4	用钢尺检查
8	同樘平开门窗相邻扇高度差		2	用钢尺检查
9	平开门窗铰链部位配合间隙		+2；-1	用塞尺检查
10	推拉门窗扇与框搭接量		+1.5；-2.5	用钢尺检查
11	推拉门窗扇与竖框平等度		2	用1m水平尺和塞尺检查

5. 门窗玻璃安装分项工程

门窗玻璃安装分项工程检验批质量检验标准 表 8-16

项	序号	项目	合格质量标准	检验方法	检查数量
主控项目	1	玻璃质量	玻璃的品种、规格、尺寸、色彩、图案和涂膜朝向应符合设计要求。单块玻璃大于1.5m²时应使用安全玻璃	观察；检查产品合格证书、性能检测报告和进场验收记录	每个检验批应至少抽查5%，并不得少于3樘，不足3樘时应全数检查；高层建筑的外窗，每个检验批应至少抽查10%，并不得少于6樘，不足6樘时应全数检查
	2	玻璃裁割与安装质量	门窗玻璃裁割尺寸应正确。安装后的玻璃应牢固，不得有裂纹、损伤和松动	观察；轻敲检查	
	3	安装方法、钉子或钢丝卡	玻璃的安装方法应符合设计要求。固定玻璃的钉子或钢丝卡的数量、规格应保证玻璃安装牢固	观察；检查施工记录	
	4	木压条	镶钉木压条接触玻璃处，应与裁口边缘平齐。木压条应互相紧密连接，并与裁口边缘紧贴，割角应整齐	观察	
	5	密封条	密封条与玻璃、玻璃槽口的接触应紧密、平整。密封胶与玻璃、玻璃槽口的边缘应粘结牢固、接缝平齐	观察	
	6	带密封条的玻璃	带密封条的玻璃压条，其密封条必须与玻璃全部贴紧，压条与型材之间应无明显缝隙，压条接缝应不大于0.5mm	观察；尺量检查	
一般项目	1	玻璃质量	玻璃表面应洁净，不得有腻子、密封胶、涂料等污渍。中空玻璃内外表面均应洁净，玻璃中空层内不得有灰尘和水蒸气	观察	
	2	玻璃安装方向	门窗玻璃不应直接接触型材。单面镀膜玻璃的镀膜层及磨砂玻璃的磨砂面应朝向室内。中空玻璃的单面镀膜玻璃应在最外层，镀膜层应朝向室内	观察	
	3	腻子	腻子应填抹饱满、粘结牢固；腻子边缘与裁口应平齐。固定玻璃的卡子不应在腻子表面显露		

（三）吊顶子分部工程

1. 一般规定

适用于龙骨加饰面板的吊顶工程。按照施工工艺不同，又分暗龙骨吊顶和明龙骨吊顶。

（1）吊顶工程验收时应检查下列文件和记录：

① 吊顶工程的施工图、设计说明及其他设计文件。

② 材料的产品合格证书、性能检测报告、进场验收记录和复验报告。

③ 隐蔽工程验收记录。

④ 施工记录。

（2）吊顶工程应对人造木板的甲醛含量进行复验。

（3）吊顶工程应对下列隐蔽工程项目进行验收：

① 吊顶内管道、设备的安装及水管试压。

② 木龙骨防火、防腐处理。

③ 预埋件或拉结筋。

④ 吊杆安装。

⑤ 龙骨安装。

⑥ 填充材料的设置。

（4）各分项工程的检验批应按下列规定划分：

同一品种的吊顶工程每50间（大面积房间和走廊按吊顶面积 $30m^2$ 为一间）应划分为一个检验批，不足50间也应划分为一个检验批。

2. 暗龙骨吊顶分项工程

适用于以轻钢龙骨、铝合金龙骨、木龙骨等为骨架，以石膏板、金属板、矿棉板、木板、塑料板或格栅等为饰面材料的暗龙骨吊顶工程的质量验收。

暗龙骨吊顶分项工程检验批质量检验标准　　　　　表8-17

项	序号	项 目	合格质量标准	检验方法	检查数量
主控项目	1	标高、尺寸、起拱、造型	吊顶标高、尺寸、起拱和造型应符合设计要求	观察；尺量检查	每个检验批应至少抽查10%，并不得少于3间；不足3间时应全数检查
	2	饰面材料	饰面材料的材质、品种、规格、图案和颜色应符合设计要求	观察；检查产品合格证书、性能检测报告、进场验收记录和复验报告	
	3	吊杆、龙骨和饰面材料	暗龙骨吊顶工程的吊杆、龙骨和饰面材料的安装必须牢固	观察；手扳检查；检查隐蔽工程验收记录和施工记录	

续表

项	序号	项目	合格质量标准	检验方法	检查数量
主控项目	4	吊杆、龙骨材质、间距及连接方式	吊杆、龙骨的材质、规格、安装间距及连接方式应符合设计要求。金属吊杆、龙骨应经过表面防腐处理；木吊杆、龙骨应进行防腐、防火处理	观察；尺量检查；检查产品合格证书、性能检测报告、进场验收记录和隐蔽工程验收记录	每个检验批应至少抽查10%，并不得少于3间；不足3间时应全数检查
主控项目	5	石膏板接缝	石膏板的接缝应按其施工工艺标准进行板缝防裂处理。安装双层石膏板时，面层板与基层板的接缝应错开，并不得在同一根龙骨上接缝	观察	
一般项目	1	表面质量	饰面材料表面应洁净、色泽一致，不得有翘曲、裂缝及缺损。压条应平直、宽窄一致	观察；尺量检查	
一般项目	2	饰面板上设备安装	饰面板上的灯具、烟感器、喷淋头、风口箅子等设备的位置应合理、美观，与饰面板的交接应吻合、严密	观察	
一般项目	3	龙骨、吊杆接缝	金属吊杆、龙骨的接缝应均匀一致，角缝应吻合，表面应平整，无翘曲、锤印。木质吊杆、龙骨应顺直，无劈裂、变形	检查隐蔽工程验收记录和施工记录	
一般项目	4	填充吸声材料	吊顶内填充吸声材料的品种和铺设厚度应符合设计要求，并应有防散落措施	检查隐蔽工程验收记录和施工记录	
一般项目	5	允许偏差	暗龙骨吊顶工程安装的允许偏差和检验方法应符合表8-18的规定	见表8-18	

暗龙骨吊顶工程安装的允许偏差和检验方法（mm） 表8-18

项次	序号	项目	允许偏差（mm）				检验方法
			纸面石膏板	金属板	矿棉板	木板、塑料板、格栅	
1		表面平整度	3	2	2	3	用2m靠尺和塞尺检查
2		接缝直线度	3	1.5	3	3	拉5m线，不足5m拉通线，用钢直尺检查
3		接缝高低差	1	1	1.5	1	用钢直尺和塞尺检查

3. 明龙骨吊顶分项工程

本节适用于以轻钢龙骨、铝合金龙骨、木龙骨等为骨架，以石膏板、金属板、矿棉板、塑料板、玻璃板或格栅等饰面材料的明龙骨吊顶工程的质量验收。

明龙骨吊顶分项工程检验批质量检验标准 表 8-19

项	序号	项目	合格质量标准	检验方法	检查数量
主控项目	1	标高、尺寸、起拱及造型	吊顶标高、尺寸、起拱和造型应符合设计要求	观察；尺量检查	每个检验批应至少抽查10%，并不得少于3间；不足3间时应全数检查
	2	饰面材料	饰面材料的材质、品种、规格、图案和颜色应符合设计要求。当饰面材料为玻璃板时，应使用安全玻璃或采取可靠的安全措施	观察；检查产品合格证书、性能检测报告和进场验收记录	
	3	饰面材料安装	饰面材料的安装应稳固严密。饰面材料与龙骨的搭接宽度应大于龙骨受力面宽度的2/3	观察；手扳检查；尺量检查	
	4	吊杆、龙骨材质、间距及连接方式	吊杆、龙骨的材质、规格、安装间距及连接方式应符合设计要求。金属吊杆、龙骨应进行表面防腐处理；木龙骨应进行防腐、防火处理	观察；尺量检查；检查产品合格证书、进场验收记录和隐蔽工程验收记录	
	5	吊杆、龙骨安装	明龙骨吊顶工程的吊杆和龙骨安装必须牢固	手扳检查；检查隐蔽工程验收记录和施工记录	
一般项目	1	表面质量	饰面材料表面应洁净、色泽一致，不得有翘曲、裂缝及缺损。饰面板与明龙骨的搭接应平整、吻合，压条应平直、宽窄一致	观察；尺量检查	
	2	饰面板上设备安装	饰面板上的灯具、烟感器、喷淋头、风口篦子等设备的位置应合理、美观，与饰面板的交接应吻合、严密	观察	
	3	龙骨接缝	金属龙骨的接缝应平整、吻合、颜色一致，不得有划伤、擦伤等表面缺陷。木质龙骨应平整、顺直，无劈裂	观察	
	4	填充吸声材料	吊顶内填充吸声材料的品种和铺设厚度应符合设计要求，并应有防散落措施	检查隐蔽工程验收记录和施工记录	
	5	允许偏差	明龙骨吊顶工程安装的允许偏差和检验方法应符合表8-20的规定	见表8-20	

明龙骨吊顶工程安装的允许偏差和检验方法 表 8-20

项次	项目	允许偏差（mm）				检验方法
		石膏板	金属板	矿棉板	塑料板、玻璃板	
1	表面平整度	3	2	3	3	用2m靠尺和塞尺检查
2	接缝直线度	3	2	3	3	拉5m线，不足5m拉通线，用钢直尺检查
3	接缝高低差	1	1	1	1	用钢直尺和塞尺检查

（四）轻质隔墙工程

1. 一般规定

适用于板材隔墙、骨架隔墙、活动隔墙、玻璃隔墙等分项工程的质量验收。

（1）轻质隔墙工程验收时应检查下列文件和记录：
① 轻质隔墙工程的施工图、设计说明及其他设计文件。
② 材料的产品合格证书、性能检测报告、进场验收记录和复验报告。
③ 隐蔽工程验收记录。
④ 施工记录。

（2）轻质隔墙工程应对人造木板的甲醛含量进行复验。

（3）轻质隔墙工程应对下列隐蔽工程项目进行验收：
① 骨架隔墙中设备管线的安装及水管试压。
② 木龙骨防火、防腐处理。
③ 预埋件或拉结筋。
④ 龙骨安装。
⑤ 填充材料的设置。

（4）各分项工程的检验批应按下列规定划分：

同一品种的轻质隔墙工程每 50 间（大面积房间和走廊按轻质隔墙的墙面 $30m^2$ 为一间）应划分为一个检验批，不足 50 间也应划分为一个检验批。

（5）轻质隔墙与顶棚和其他墙体的交接处应采取防开裂措施。

（6）民用建筑轻质隔墙工程的隔声性能应符合现行国家标准《民用建筑隔声设计规范》GBJ 118 的规定。

2. 板材隔墙工程

本节适用于复合轻质墙板、石膏空心板、预制或现制的钢丝网水泥板等板材隔墙工程的质量验收。

板材隔墙分项工程检验批质量检验标准　　　　表 8-21

项	序号	项 目	合格质量标准	检验方法	检查数量
主控项目	1	板材品种、规格、性能等	隔墙板材的品种、规格、性能、颜色应符合设计要求。有隔声、隔热、阻燃、防潮等特殊要求的工程，板材应有相应性能等级的检测报告	观察；检查产品合格证书、进场验收记录和性能检测报告	每个检验批应至少抽查10%，并不得少于 3 间；不足 3 间时应全数检查
	2	预埋件、连接件	安装隔墙板材所需预埋件、连接件的位置、数量及连接方法应符合设计要求	观察；尺量检查；检查隐蔽工程验收记录	

项	序号	项目	合格质量标准	检验方法	检查数量
主控项目	3	安装质量	隔墙板材安装必须牢固。现制钢丝网水泥隔墙与周边墙体的连接方法应符合设计要求,并应连接牢固	观察;手扳检查	每个检验批应至少抽查10%,并不得少于3间;不足3间时应全数检查
主控项目	4	接缝材料、方法	隔墙板材所用接缝材料的品种及接缝方法应符合设计要求	观察;检查产品合格证书和施工记录	
一般项目	1	安装位置	隔墙板材安装应垂直、平整、位置正确,板材不应有裂缝或缺损	观察;尺量检查	
一般项目	2	表面质量	板材隔墙表面应平整光滑、色泽一致、洁净,接缝应均匀、顺直	观察;手摸检查	
一般项目	3	孔洞、槽、盒	隔墙上的孔洞、槽、盒应位置正确、套割方正、边缘整齐	观察	
一般项目	4	允许偏差	板材隔墙安装的允许偏差和检验方法应符合表8-22的规定	见表8-22	

板材隔墙安装的允许偏差和检验方法 表8-22

项次	项目	允许偏差(mm)				检验方法
		复合轻质墙板		石膏空心板	钢丝网水泥板	
		金属夹芯板	其他复合板			
1	立面垂直度	2	3	3	3	用2m垂直检测尺检查
2	表面平整度	2	3	3	3	用2m靠尺和塞尺检查
3	阴阳角方正	3	3	3	4	用直角检测尺检查
4	接缝高低差	1	2	2	3	用钢直尺和塞尺检查

3. 骨架隔墙工程

适用于以轻钢龙骨、木龙骨等为骨架,以纸面石膏板、人造木板、水泥纤维板等为墙面板的隔墙工程的质量检验。

骨架隔墙分项工程检验批质量检验标准 表8-23

项	序号	项目	合格质量标准	检验方法	检查数量
主控项目	1	材料品种、规格、性能等	骨架隔墙所用龙骨、配件、墙面板、填充材料及嵌缝材料的品种、规格、性能和木材的含水率应符合设计要求,有阻燃、防潮等特性要求的工程,材料应有相应性能等级的检测报告	观察;检查产品合格证书、进场验收记录、性能检测报告和复验报告	每个检验批应至少抽查10%,并不得少于3间;不足3间时应全数检查
主控项目	2	骨件与基体连接	骨架隔墙工程边框龙骨必须与基体结构连接牢固,并应平整、垂直、位置正确	手扳检查;尺量检查;检查隐蔽工程验收记录	
主控项目	3	骨架间距和构造连接	骨架隔墙中龙骨间距和构造连接方法应符合设计要求。骨架内设备管线的安装、门窗洞口等部位加强龙骨应安装牢固、位置正确,填充材料的设置应符合设计要求	检查隐蔽工程验收记录	

续表

项	序号	项 目	合格质量标准	检验方法	检查数量
主控项目	4	木质材料防火、防腐	木龙骨及木墙面板的防火和防腐处理必须符合设计要求	检查隐蔽工程验收记录	每个检验批应至少抽查10%，并不得少于3间；不足3间时应全数检查
主控项目	5	隔墙面板安装	骨架隔墙的墙面板应安装牢固，无脱层、翘曲、折裂及缺损	观察；手扳检查	
主控项目	6	接缝材料、方法	墙面板所用接缝材料的接缝方法应符合设计要求	观察	
一般项目	1	表面质量	骨架隔墙表面应平整光滑、色泽一致、洁净、无裂缝，接缝应均匀、顺直	观察；手摸检查	
一般项目	2	孔洞、槽、盒	骨架隔墙上的孔洞、槽、盒应位置正确、套割吻合、边缘整齐	观察	
一般项目	3	填充材料	骨架隔墙内的填充材料应干燥，填充应密实、均匀、无下坠	轻敲检查；检查隐蔽工程验收记录	
一般项目	4	允许偏差	骨架隔墙安装的允许偏差和检验方法应符合表8-24的规定	见表8-24	

骨架隔墙安装的允许偏差和检验方法　　表8-24

项次	项 目	允许偏差（mm）		检验方法
		纸面石膏板	人造木板、水泥纤维板	
1	立面垂直度	3	4	用2m垂直检测尺检查
2	表面平整度	3	3	用2m靠尺和塞尺检查
3	阴阳角方正	3	3	用直角检测尺检查
4	接缝直线度	—	3	拉5m线，不足5m拉通线，用钢直尺检查
5	压条直线度	—	3	拉5m线，不足5m拉通线，用钢直尺检查
6	接缝高低差	1	1	用钢直尺和塞尺检查

4. 活动隔墙工程

适用于各种活动隔墙工程的质量验收。

活动隔墙分项工程检验批质量检验标准　　表8-25

项	序号	项 目	合格质量标准	检验方法	检查数量
主控项目	1	材料品种、规格、性能等	活动隔墙所用墙板、配件等材料的品种、规格、性能和木材的含水率应符合设计要求。有阻燃、防潮等特殊要求的工程，材料应有相应性能等级的检测报告	观察；检查产品合格证书、进场验收记录和性能检测报告和复验报告	每个检验批应至少抽查20%，并不得少于6间；不足6间时应全数检查
主控项目	2	轨道安装	活动隔墙轨道必须与基体结构连接牢固，并应位置正确	尺量检查；手扳检查	
主控项目	3	构配件安装	活动隔墙用于组装、推拉和制动的构配件必须安装牢固、位置正确，推拉必须安全、平稳、灵活	尺量检查；手扳检查，推拉检查	
主控项目	4	隔墙制作、组合方式	活动隔墙制作方法、组合方式应符合设计要求	观察	

项	序号	项目	合格质量标准	检验方法	检查数量
一般项目	1	表面质量	活动隔墙表面应色泽一致，平整光滑洁净，线条应顺直、清晰	尺量检查；手摸检查	每个检验批应至少抽查20%，并不得少于6间；不足6间时应全数检查
	2	孔洞、槽、盒	活动隔墙上的孔洞、槽、盒应位置正确、套割吻合、边缘整齐	观察；尺量检查	
	3	隔墙推拉	活动隔墙推拉应无噪声	推拉检查	
	4	允许偏差	活动隔墙安装的允许偏差和检验方法应符合表8-26的规定	见表8-26	

活动隔墙安装的允许偏差和检验方法　　　　表 8-26

项次	项目	允许偏差（mm）	检验方法
1	立面垂直度	3	用2m垂直检测尺检查
2	表面平整度	2	用2m靠尺和塞尺检查
3	接缝直线度	3	拉5m线，不足5m拉通线，用钢直尺检查
4	接缝高低差	2	用钢直尺和塞尺检查
5	接缝宽度	2	用钢直尺检查

5. 玻璃隔墙工程

本节适用于玻璃砖、玻璃板隔墙工程的质量验收。

玻璃隔墙分项工程检验批质量检验标准　　　　表 8-27

项	序号	项目	合格质量标准	检验方法	检查数量
主控项目	1	材料品种、规格、性能等	玻璃隔墙工程所用材料的品种、规格、性能、图案和颜色应符合设计要求。玻璃板隔墙应使用安全玻璃	观察；检查产品合格证书、进场验收记录和性能检测报告	每个检验批应至少抽查20%，并不得少于6间；不足6间时应全数检查
	2	砌筑或安装	玻璃砖隔墙的砌筑或玻璃板隔墙的安装方法应符合设计要求	观察	
	3	砖隔墙拉结筋	玻璃砖隔墙砌筑中埋设的拉结筋必须与基体结构连接牢固，并应位置正确	手扳检查；尺量检查；检查隐蔽工程验收记录	
	4	板隔墙安装	玻璃板隔墙的安装必须牢固。玻璃隔墙胶垫的安装应正确	观察；手推检查；检查施工记录	
一般项目	1	表面质量	玻璃隔墙表面应色泽一致、平整洁净、清晰美观	观察	
	2	接缝	玻璃隔墙接缝应横平竖直，玻璃应无裂痕、缺损和划痕	观察	
	3	嵌缝及勾缝	玻璃板隔墙嵌缝及玻璃砖隔墙勾缝应密实平整、均匀顺直、深浅一致	观察	
	4	允许偏差	玻璃隔墙安装的允许偏差和检验方法应符合表8-28的规定	见表8-28	

玻璃隔墙安装的允许偏差和检验方法　　　　表 8-28

项次	项目	允许偏差（mm） 玻璃砖	允许偏差（mm） 玻璃板	检验方法
1	立面垂直度	3	2	用2m垂直检测尺检查
2	表面平整度	3	—	用2m靠尺和塞尺检查
3	阴阳角方正	—	2	用直角检测尺检查
4	接缝直线度	—	2	拉5m线，不足5m拉通线，用钢直尺检查
5	接缝高低差	3	2	用钢直尺和塞尺检查
6	接缝宽度	—	1	用钢直尺检查

（五）饰面板（砖）子分部工程

适用于饰面板安装、饰面砖粘贴等分项工程的质量验收

1. 一般规定

（1）饰面板（砖）工程验收时应检查下列文件和记录：

① 饰面板（砖）工程的施工图、设计说明及其他设计文件。

② 材料的产品合格证书、性能检测报告、进场验收记录和复验报告。

③ 后置埋件的现场拉拔检测报告。

④ 外墙饰面砖样板件的粘结强度检测报告。

⑤ 隐蔽工程验收记录。

⑥ 施工记录。

（2）饰面板（砖）工程应对下列材料及其性能指标进行复验：

① 室内用花岗石的放射性。

② 粘贴用水泥的凝结时间、安定性和抗压强度。

③ 外墙陶瓷面砖的吸水率。

④ 寒冷地区外墙陶瓷面砖的抗冻性。

（3）饰面板（砖）工程应对下列隐蔽工程项目进行验收：

① 预埋件（或后置埋件）。

② 连接节点。

③ 防水层。

（4）各分项工程的检验批应按下列规定划分：

① 相同材料、工艺和施工条件的室内饰面板（砖）工程每50间（大面积房间和走廊按施工面积30m² 为一间）应划分为一个检验批，不足50间也应划分为一个检验批。

② 相同材料、工艺和施工条件的室外饰面板（砖）工程每500～1000m² 应划分为一个检验批，不足500m² 也应划分为一个检验批。

2. 饰面板安装分项工程

适用于内墙饰面板安装工程和高度不大于24m、抗震设防烈度不大于7度的外墙饰面

板安装工程的质量验收。

饰面板安装分项工程检验批质量检验标准 表8-29

项	序号	项目	合格质量标准	检验方法	检查数量
主控项目	1	材料质量	饰面板的品种、规格、颜色和性能应符合设计要求,木龙骨、木饰面板和塑料饰面板的燃烧性能等级应符合设计要求	观察;检查产品合格证书、进场验收记录和性能检测报告	室内每个检验批应至少抽查10%,并不得少于3间;不足3间时应全数检查。室外每个检验批每100m²应至少抽查一处,每处不得小于10m²
	2	饰面板孔、槽	饰面板孔、槽的数量、位置和尺寸应符合设计要求	检查进场验收记录和施工记录	
	3	饰面板安装	饰面板安装工程的预埋件(或后置埋件)、连接件的数量、规格、位置、连接方法和防腐处理必须符合设计要求。后置埋件的现场拉拔强度必须符合设计要求。饰面板安装必须牢固	手扳检查;检查进场验收记录、现场拉拔检测报告、隐蔽工程验收记录和施工记录	
一般项目	1	表面质量	饰面板表面应平整、洁净、色泽一致,无裂痕和缺损。石材表面应无泛碱等污染	观察	
	2	饰面板嵌缝	饰面板嵌缝应密实、平直,宽度和深度应符合设计要求,嵌填材料色泽应一致	观察;尺量检查	
	3	湿作业法施工	采用湿作业法施工的饰面板工程,石材应进行防碱背涂处理。饰面板与基体之间的灌注材料应饱满、密实	用小锤轻击检查;检查施工记录	
	4		饰面板上的孔洞应套割吻合,边缘应整齐	观察	
	5	允许偏差	饰面板安装的允许偏差和检验方法应符合表8-30的规定	见表8-30	

饰面板安装的允许偏差和检验方法 表8-30

项次	项目	允许偏差(mm)							检验方法
		石材			瓷板	木材	塑料	金属	
		光面	剁斧石	蘑菇石					
1	立面垂直度	2	3	3	2	1.5	2	2	用2m垂直检测尺检查
2	表面平整度	2	3	—	1.5	1	3	3	用2m靠尺和塞尺检查
3	阴阳角方正	2	4	4	2	1.5	3	3	用直角检测尺检查
4	接缝直线度	2	4	4	2	1	1	1	拉5m线,不足5m拉通线,用钢直尺检查
5	墙裙、勒脚上口直线度	2	3	3	2	2	2	2	拉5m线,不足5m拉通线,用钢直尺检查
6	接缝高低差	0.5	3	—	0.5	0.5	1	1	用钢直尺和塞尺检查
7	接缝宽度	1	2	2	1	1	1	1	用钢直尺检查

3. 饰面砖粘贴分项工程

适用于风墙饰面砖粘贴工程和高度不大于100m、抗震设防烈度不大于8度、采用满粘法施工的外墙饰面砖粘贴工程的质量验收。

饰面砖粘贴分项工程检验批质量检验标准 表 8-31

项	序号	项目	合格质量标准	检验方法	检查数量
主控项目	1	饰面砖质量	饰面砖的品种、规格、图案颜色和性能应符合设计要求	观察；检查产品合格证书、进场验收记录、性能检测报告和复验报告	室内每个检验批应至少抽查10%，并不得少于3间；不足3间时应全数检查。室外每个检验批每100m²应至少抽查一处，每处不得小于10m²
主控项目	2	找平、防水、粘结、勾缝	饰面砖粘贴工程的找平、防水、粘结和勾缝材料及施工方法应符合设计要求及国家现行产品标准和工程技术标准的规定	检查产品合格证书、复验报告和隐蔽工程验收记录	
主控项目	3	饰面板粘贴	饰面砖粘贴必须牢固	检查样板件粘结强度检测报告和施工记录	
主控项目	4	满粘法施工	满粘法施工的饰面砖工程应无空鼓、裂缝	观察；用小锤轻击检查	
一般项目	1	饰面砖表面质量	饰面砖表面应平整、洁净、色泽一致，无裂痕和缺损	观察	
一般项目	2	阴阳角及非整砖	阴阳角处搭接方式、非整砖使用部位应符合设计要求	观察	
一般项目	3	墙面突出物	墙面突出物周围的饰面砖应整砖套割吻合，边缘应整齐。墙裙、贴脸突出墙面的厚度应一致	观察；尺量检查	
一般项目	4	接缝、填嵌	饰面砖接缝应平直、光滑，填嵌应连续、密实；宽度和深度应符合设计要求	观察；尺量检查	
一般项目	5	滴水线	有排水要求的部位应做滴水线（槽）。滴水线（槽）应顺直，流水坡向应正确，坡度应符合设计要求	观察；用水平尺检查	
一般项目	6	允许偏差	饰面砖粘贴的允许偏差和检验方法应符合表8-32的规定	见表8-32	

饰面砖粘贴的允许偏差和检验方法 表 8-32

项次	项目	允许偏差（mm）		检验方法
		外墙面砖	内墙面砖	
1	立面垂直度	3	2	用2m垂直检测尺检查
2	表面平整度	4	3	用2m靠尺和塞尺检查
3	阴阳角方正	3	3	用直角检测尺检查
4	接缝直线度	3	2	拉5m线，不足5m拉通线，用钢直尺检查
5	接缝高低差	1	0.5	用钢直尺和塞尺检查
6	接缝宽度	1	1	用钢直尺检查

（六）涂饰子分部工程

适用于水性涂料涂饰、溶剂型涂料涂饰、美术涂饰等分项工程的质量验收。

1. 一般规定

（1）涂饰工程验收时应检查下列文件和记录：

① 涂饰工程的施工图、设计说明及其他设计文件。
② 材料的产品合格证书、性能检测报告和进场验收记录。
③ 施工记录。

(2) 各分项工程的检验批应按下列规定划分：

① 室外涂饰工程每一栋楼的同类涂料涂饰的墙面每 500～1000m² 应划分为一个检验批，不足 500m² 也应划分为一个检验批。

② 室内涂饰工程同类涂料涂饰墙面每 50 间（大面积房间和走廊按涂饰面积 30m² 为一间）应划分为一个检验批，不足 50 间也应划分为一个检验批。

(3) 涂饰工程应在涂层养护期满后进行质量验收。

2. 水性涂料涂饰分项工程

适用于乳液型涂料、无机涂料、水溶性涂料等水性涂料涂饰工程的质量验收。

水性涂料涂饰分项工程检验批质量检验标准　　　　表8-33

项	序号	项　目	合格质量标准	检验方法	检查数量
主控项目	1	材料质量	水性涂料涂饰工程所用涂料的品种、型号和性能应符合设计要求	检查产品合格证书、性能检测报告和进场验收记录	室内每个检验批应至少抽查 10%，并不得少于 3 间；不足 3 间时应全数检查。室外每个检验批每 100m² 应至少抽查一处，每处不得小于 10m²
	2	涂饰颜色、图案	水性涂料涂饰工程的颜色、图案应符合设计要求	观察	
	3	涂饰综合质量	水性涂料涂饰工程应涂饰均匀、粘结牢固，不得漏涂、透底、起皮和掉粉。	观察；手摸检查	
	4	基层处理	水性涂料涂饰工程的基层处理应符合以下要求。 ① 新建筑物的混凝土或抹灰层基层在涂饰涂料前应涂刷抗碱封闭底漆。 ② 旧墙面在涂饰涂料前应清除疏松的旧装修层，并涂刷界面剂。 ③ 混凝土或抹灰基层涂刷溶剂型涂料时，含水率不得大于 8%；涂刷乳液型涂料时，含水率不得大于 10%。木材基层的含水率不得大于 12%。 ④ 基层腻子应平整、坚实、牢固，无粉化、起皮和裂缝；内墙腻子的粘结强度应符合《建筑室内用腻子》JG/T 3049 的规定。 ⑤ 厨房、卫生间墙面必须使用耐水腻子	观察；手摸检查；检查施工记录	
一般项目	1	与其他装修材料和设备衔接处	涂层与其他装修材料和设备衔接处应吻合，界面应清晰	观察	
	2	薄涂料的涂饰质量	薄涂料的涂饰质量和检验方法见表8-34	见表8-34	
	3	厚涂料的涂饰质量	厚涂料的涂饰质量和检验方法见表8-35	见表8-35	
	4	复合涂料的涂饰质量	复合涂料的涂饰质量和检验方法见表8-36	见表8-36	

薄涂料的涂饰质量和检验方法 表 8-34

项次	项目	普通涂饰	高级涂饰	检验方法
1	颜色	均匀一致	均匀一致	观察
2	泛碱、咬色	允许少量轻微	不允许	
3	流坠、疙瘩	允许少量轻微	不允许	
4	砂眼、刷纹	允许少量轻微砂眼、刷纹通顺	无砂眼，无刷纹	
5	装饰线、分色线直线度允许偏差（mm）	2	1	拉 5m 线，不足 5m 拉通线，用钢直尺检查

厚涂料的涂饰质量和检验方法 表 8-35

项次	项目	普通涂饰	高级涂饰	检验方法
1	颜色	均匀一致	均匀一致	观察
2	泛碱、咬色	允许少量轻微	不允许	
3	点状分布	—	疏密均匀	

复合涂料的涂饰质量和检验方法 表 8-36

项次	项目	质量要求	检验方法
1	颜色	均匀一致	观察
2	泛碱、咬色	不允许	
3	喷点疏密程度	均匀，不允许连片	

3. 溶剂型涂料涂饰分项工程

适用于丙烯酸酯涂料、聚氨酯丙烯酸涂料、有机硅丙烯酸涂料等溶剂型涂料涂饰工程的质量验收。

溶剂型涂料涂饰分项工程检验批质量检验标准 表 8-37

项	序号	项目	合格质量标准	检验方法	检查数量
主控项目	1	涂料质量	溶剂型涂料涂饰工程所选用涂料的品种、型号和性能应符合设计要求	检查产品合格证书、性能检测报告和进场验收记录	室内每个检验批应至少抽查 10%，并不得少于 3 间；不足 3 间时应全数检查。室外每个检验批每 100m² 应至少抽查一处，每处不得小于 10m²
	2	颜色、光泽、图案	溶剂型涂料涂饰工程的颜色、光泽、图案应符合设计要求	观察	
	3	涂饰综合质量	溶剂型涂料涂饰工程应涂刷均匀、粘结牢固，不得漏涂、透底、起皮和反锈	观察；手摸检查	
	4	基层处理	同水性涂料涂饰	观察；手摸检查；检查施工记录	
一般项目	1	与其他装修材料和设备衔接处	涂层与其他装修材料和设备衔接处应吻合，界面应清晰	观察	
	2	色漆的涂饰质量	色漆的涂饰质量和检验方法见表 8-38	见表 8-38	
	3	清漆的涂饰质量和检验方法	清漆的涂饰质量和检验方法见表 8-39	见表 8-39	

色漆的涂饰质量和检验方法 表 8-38

项次	项目	变通涂饰	高级涂饰	检验方法
1	颜色	均匀一致	均匀一致	观察
2	光泽、光滑	光泽基本均匀，光滑无挡手感	光泽均匀一致，光滑	观察；手摸检查
3	刷纹	刷纹通顺	无刷纹	观察
4	裹棱、流坠、皱皮	明显处不允许	不允许	观察
5	装饰线、分色线直线度允许偏差（mm）	2	1	拉5m线，不足5m拉通线，用钢直尺检查

注：无光色漆不检查光泽。

清漆的涂饰质量和检验方法 表 8-39

项次	项目	普通涂饰	高级涂饰	检验方法
1	颜色	基本一致	均匀一致	观察
2	木纹	棕眼刮平、木纹清楚	棕眼刮平、木纹清楚	观察
3	光泽、光滑	光泽基本均匀，光滑，无挡手感	光泽均匀一致，光滑	观察；手摸检查
4	刷纹	无刷纹	无刷纹	观察
5	裹棱、流坠、皱皮	明显处不允许	不允许	观察

4. 美术涂饰分项工程

适用于套色涂饰、滚花涂饰、仿花纹涂饰等室内外美术涂饰工程的质量验收。

美术涂饰分项工程检验批质量检验标准 表 8-40

项	序号	项目	合格质量标准	检验方法	检查数量
主控项目	1	材料质量	美术涂饰所用材料的品种、型号和性能应符合设计要求	观察；检查产品合格证书、性能检测报告和进场验收记录	室内每个检验批应至少抽查10%，并不得少于3间；不足3间时应全数检查。室外每个检验批每100m²应至少抽查一处，每处不得小于10m²
主控项目	2	涂饰综合质量	美术涂饰工程应涂饰均匀、粘结牢固、不得漏涂、透底、起皮、掉粉和反锈	观察	
主控项目	3	套色、花纹、图案	美术涂饰的套色、花纹和图案应符合设计要求	观察；手摸检查	
主控项目	4	基层处理	同水性涂料涂饰	观察；手摸检查；检查施工记录	
一般项目	1	表面质量	美术涂饰表面应洁净，不得有流坠现象	观察	
一般项目	2	仿花纹涂饰表面质量	仿花纹涂饰的饰面应具有被模仿材料的纹理	观察	
一般项目	3	套色涂饰图案	套色涂饰的图案不得移位，纹理和轮廓应清晰	观察	

（七）裱糊与软包子分部工程

1. 一般规定

（1）裱糊与软包工程验收时应检查下列文件和记录：

① 裱糊与软包工程的施工图、设计说明及其他设计文件。

② 饰面材料的样板及确认文件。
③ 材料的产品合格证书、性能检测报告、进场验收记录和复验报告。
④ 施工记录。
（2）各分项工程的检验批应按下列规定划分：

同一品种的裱糊或软包工程每50间（大面积房间和走廊按施工面积30m² 为一间）应划分为一个检验批，不足50间也应划分为一个检验批。

2. 裱糊分项工程

适用于聚氯乙烯塑料壁纸、复合纸质壁纸、墙布等裱糊工程的质量验收。

裱糊分项工程检验批质量检验标准　　表8-41

项	序号	项 目	合格质量标准	检验方法	检查数量
主控项目	1	材料质量	壁纸、墙布的种类、规格、图案、颜色和燃烧性能等级必须符合设计要求及国家现行标准的有关规定	观察；检查产品合格证书、进场验收记录和性能检测报告	每个检验批应至少抽查10%，并不得少于3间，不足3间时应全数检查
	2	基层处理	裱糊前，基层处理质量应达到下列要求： ① 新建筑物的混凝土或抹灰基层墙面在刮腻子前应涂刷抗碱封闭底漆。 ② 旧墙面在裱糊前应清除疏松的旧装修层，并涂刷界面剂。 ③ 混凝土或抹灰基层含水率不得大于8%；木材基层的含水率不得大于12%。 ④ 基层腻子应平整、坚实、牢固，无粉化、起皮和裂缝；腻子的粘结强度应符合《建筑室内用腻子》JG/T 3049 N型的规定。 ⑤ 基层表面平整度、立面垂直度及阴阳角方正应达到本规范第4.2.11条高级抹灰的要求。 ⑥ 基层表面颜色应一致。 ⑦ 裱糊前应用封闭底胶涂刷基层	观察；手摸检查；检查施工记录	
	3	各幅拼接	裱糊后各幅拼接应横平竖直，拼接处花纹、图案应吻合，不离缝，不搭接，不显拼缝	观察；拼缝检查距离墙面1.5m处正视	
	4	壁纸、墙布粘贴	壁纸、墙布应粘贴牢固，不得有漏贴、补贴、脱层、空鼓和翘边	观察；手摸检查	
一般项目	1	表面质量	裱糊后的壁纸、墙布表面应平整，色泽一致，不得有波纹起伏、气泡、裂缝、皱折及斑污，斜视时应无胶痕	观察；手摸检查	
	2	壁纸压痕及发泡层	复合压花壁纸的压痕及发泡壁纸的发泡层应无损坏	观察	
	3	与各种装饰线、设备线盒交接	壁纸、墙布与各种装饰线、设备线盒应交接严密	观察	
	4	壁纸、墙布边缘	壁纸、墙布边缘应平直整齐，不得有纸毛、飞刺	观察	
	5	壁纸、墙布阴阳角	壁纸、墙布阴角处搭接应顺光，阳角处应无接缝	观察	

3. 软包分项工程

适用于墙面、门等软包工程的质量验收。

软包分项工程检验批质量检验标准　　　　表 8-42

项	序号	项目	合格质量标准	检验方法	检查数量
主控项目	1	材料质量	软包面料、内衬材料及边框的材质、颜色、图案和燃烧性能等级和木材的含水率应符合设计要求及国家现行标准的有关规定	观察；检查产品合格证书、进场验收记录和性能检测报告	软包工程每个检验批应至少抽查20%，并不得少于6间，不足6间时应全数检查
主控项目	2	安装位置、构造做法	软包工程的安装位置及构造做法应符合设计要求	观察；尺量检查；检查施工记录	
主控项目	3	龙骨、衬板、边框安装	软包工程的龙骨、衬板、边框应安装牢固，无翘曲，拼缝应平直	观察；手扳检查	
主控项目	4	单块面料	单块软包面料不应有接缝，四周应绷压严密	观察；手摸检查	
一般项目	1	表面质量	软包工程表面应平整、洁净、无凹凸不平及皱折；图案应清晰、无色差，整体应协调美观	观察	
一般项目	2	边框安装质量	软包边框应平整、顺直、接缝吻合。表面涂饰质量应符合规范有关规定	观察；手摸检查	
一般项目	3	清漆涂饰	清漆涂饰木制边框的颜色、木纹应协调一致	观察	
一般项目	4	安装允许偏差	软包工程安装的允许偏差和检验方法应符合表 8-43 的规定	见表 8-43	

软包工程安装的允许偏差和检验方法　　　　表 8-43

项次	项目	允许偏差（mm）	检验方法
1	垂直度	3	用1m垂直检测尺检查
2	边框宽度、高度	0；−2	用钢尺检查
3	对角线长度差	3	用钢尺检查
4	裁口、线条接缝高低差	1	用钢直尺和塞尺检查

（八）细部子分部工程

1. 一般规定

（1）适用于下列各项工程的质量验收：

① 橱柜制作与安装。

② 窗帘盒、窗台板、散热器罩制作与安装。

③ 门窗套制作与安装。
④ 护栏和扶手制作与安装。
⑤ 花饰制作与安装。

(2) 细部工程验收时应检查下列文件和记录：
① 施工图、设计说明及其他设计文件。
② 材料的产品合格证书、性能检测报告、进场验收记录和复验报告。
③ 隐蔽工程验收记录。
④ 施工记录。

(3) 细部工程应对人造木板的甲醛含量进行复验。

(4) 细部工程应对下列部位进行隐蔽工程验收：
① 预埋件（或后置埋件）。
② 护栏与预埋件的连接节点。

(5) 各分项工程的检验批应按下列规定划分：
① 同类制品每 50 间（处）应划分为一个检验批，不足 50 间（处）也应划分为一个检验批。
② 每部楼梯应划分为一个检验批。

2. 橱柜制作与安装分项工程

适用于位置固定的壁柜、吊柜等橱柜制作与安装工程的质量验收。

橱柜制作与安装分项工程检验批质量检验标准　　　　表 8-44

项	序号	项目	合格质量标准	检验方法	检查数量
主控项目	1	材料质量	橱柜制作与安装所用材料的材质和规格、木材的燃烧性能等级和含水率、花岗石的放射性及人造木板的甲醛含量应符合设计要求及国家现行标准的有关规定	观察；检查产品合格证书、进场验收记录、性能检测报告和复验报告	每个检验批至少抽查 3 间（处），不足 3 间（处）时应全数检查
	2	预埋件或后置埋件	橱柜安装预埋件或后置埋件的数量、规格、位置应符合设计要求	检查隐蔽工程验收记录和施工记录	
	3	制作、安装、固定方法	橱柜的造型、尺寸、安装位置、制作和固定方法应符合设计要求。橱柜安装必须牢固	观察；尺量检查；手扳检查	
	4	橱柜配件	橱柜配件的品种、规格应符合设计要求。配件应齐全，安装应牢固	观察；手扳检查；检查进场验收记录	
	5	抽屉和柜门	橱柜的抽屉和柜门应开关灵活、回位正确	观察；开启和关闭检查	
一般项目	1	橱柜表面质量	橱柜表面应平整、洁净、色泽一致，不得有裂缝、翘曲及损坏	观察	
	2	橱柜裁口	橱柜裁口应顺直，拼缝应严密	观察	
	3	安装允许偏差	橱柜安装的允许偏差和检验方法应符合表 8-45 的规定	见表 8-45	

橱柜安装的允许偏差和检验方法　　　　　　　　　　　　　　　表 8-45

项次	项目	允许偏差（mm）	检验方法
1	外形尺寸	3	用钢尺检查
2	立面垂直度	2	用1m垂直检测尺检查
3	门与框架的平等度	2	用钢尺检查

3. 窗帘盒、窗台板和散热器罩制作与安装分项工程

窗帘盒、窗台板和散热器罩制作与安装分项工程检验批质量检验标准　　　　表 8-46

项	序号	项目	合格质量标准	检验方法	检查数量
主控项目	1	材料质量	窗帘盒、窗台板和散热器罩制作与安装所使用材料的材质的规格、木材的燃烧性能等级和含水率、花岗石的放射性及人造木板的甲醛含量应符合设计要求及国家现行标准的有关规定	观察；检查产品合格证书、进场验收记录、性能检测报告和复验报告	每个检验批应至少抽查3间（处），不足3间（处）时应全数检查
	2	造型尺寸、安装固定	窗帘盒、窗台板和散热器罩的造型、规格、尺寸、安装位置和固定方法必须符合设计要求。窗帘盒、窗台板和散热器罩的安装必须牢固	观察；尺量检查；手扳检查	
	3	窗帘盒配件	窗帘盒配件的品种、规格应符合设计要求，安装应牢固	手扳检查；检查进场验收记录	
一般项目	1	表面质量	窗帘盒、窗台板和散热器罩表面应平整、洁净、线条顺直、接缝严密、色泽一致，不得有裂缝、翘曲及损坏	观察	
	2	与墙面、窗框的衔接	窗帘盒、窗台板和散热器罩与墙面、窗框的衔接应严密，密封胶缝应顺直、光滑	观察	
	3	安装允许偏差	窗帘盒、窗台板和散热器罩安装的允许偏差和检验方法应符合表8-47的规定	见表8-47	

窗帘盒、窗台板和散热器罩安装的允许偏差和检验方法　　　　　　　　　表 8-47

项次	项目	允许偏差（mm）	检验方法
1	水平度	2	用1m水平尺和塞尺检查
2	上口、下口直线度	3	拉5m线，不足5m拉通线，用钢直尺检查
3	两端距窗洞口长度差	2	用钢直尺检查
4	两端出墙厚度差	3	用钢直尺检查

4. 门窗套制作与安装分项工程

门窗套制作与安装分项工程检验批质量检验标准 表 8-48

项	序号	项目	合格质量标准	检验方法	检查数量
主控项目	1	材料质量	门窗套制作与安装所使用材料的材质、规格、花纹和颜色、木材的燃烧性能等级和含水率、花岗石的放射性及人造木板的甲醛含量应符合设计要求及国家现行标准的有关规定	观察；检查产品合格证书、进场验收记录、性能检测报告和复验报告	每个检验批应至少抽查 3 间（处），不足 3 间（处）时应全数检查
主控项目	2	造型、尺寸及固定	门窗套的造型、尺寸和固定方法应符合设计要求，安装应牢固	观察；尺量检查；手扳检查	
一般项目	1	表面质量	门窗套表面应平整、洁净、线条顺直、接缝严密、色泽一致，不得有裂缝、翘曲及损坏	观察	
一般项目	2	安装允许偏差	门窗套安装的允许偏差和检验方法应符合表 8-49 的规定	见表 8-49	

门窗套安装的允许偏差和检验方法 表 8-49

项次	项目	允许偏差（mm）	检验方法
1	正、侧面垂直度	3	用 1m 垂直检测尺检查
2	门窗套上口水平度	1	用 1m 水平检测尺和塞尺检查
3	门窗套上口直线度	3	拉 5m 线，不足 5m 拉通线，用钢直尺检查

5. 护栏和扶手制作与安装分项工程

护栏和扶手制作与安装分项工程检验批质量检验标准 表 8-50

项	序号	项目	合格质量标准	检验方法	检查数量
主控项目	1	材料质量	护栏和扶手制作与安装所使用材料的材质、规格、数量和木材、塑料的燃烧性能等级应符合设计要求	观察；检查产品合格证书、进场验收记录和性能检测报告	每个检验批的护栏和扶手应全部检查
主控项目	2	造型、尺寸及安装	护栏和扶手的造型、尺寸及安装位置应符合设计要求	观察；尺量检查；检查进场验收记录	
主控项目	3	预埋件及连接	护栏和扶手安装预埋件的数量、规格、位置以及护栏与预埋件的连接节点应符合设计要求	检查隐蔽工程验收记录和施工记录	
主控项目	4	护栏高度、位置与安装	护栏高度、栏杆间距、安装位置必须符合设计要求。护栏安装必须牢固	观察；尺量检查；手扳检查	
主控项目	5	护栏玻璃	护栏玻璃应使用公称厚度不小于 12mm 的钢化玻璃或钢化夹层玻璃。当护栏一侧距楼地面高度为 5m 及以上时，应使用钢化夹层玻璃	观察；尺量检查；检查产品合格证书和进场验收记录	
一般项目	1	转角、接缝及表面质量	护栏和扶手转角弧度应符合设计要求，接缝应严密，表面应光滑，色泽应一致，不得有裂缝、翘曲及损坏	观察；手摸检查。	
一般项目	2	安装允许偏差	护栏和扶手安装的允许偏差和检验方法应符合表 8-51 的规定	见表 8-51	

护栏和扶手安装的允许偏差和检验方法　　　　　表 8-51

项次	项目	允许偏差（mm）	检验方法
1	护栏垂直度	3	用 1m 垂直检测尺检查
2	栏杆间距	3	用钢尺检查
3	扶手直线度	4	拉通线，用钢直尺检查
4	扶手高度	3	用钢尺检查

6. 花饰制作与安装分项工程

适用于混凝土、石材、木材、塑料、金属、玻璃、石膏等花饰安装工程的质量验收。

花饰制作与安装分项工程检验批质量检验标准　　　　　表 8-52

项	序号	项目	合格质量标准	检验方法	检查数量
主控项目	1	材料质量	花饰制作与安装所使用材料的材质、规格应符合设计要求	观察；检查产品合格证书和进场验收记录	① 室外每个检验批全部检查；② 室内每个检验批应至少抽查 3 间（处）；不足 3 间（处）时应全部检查
主控项目	2	造型、尺寸	花饰的造型、尺寸应符合设计要求	观察；尺量检查	
主控项目	3	安装位置、固定方法	花饰的安装位置和固定方法必须符合设计要求，安装必须牢固	观察；尺量检查；手扳检查	
一般项目	1	表面质量、接缝	花饰表面应洁净，接缝应严密吻合，不得有歪斜、裂缝、翘曲及损坏	观察	
一般项目	2	安装允许偏差	花饰安装的允许偏差和检验方法应符合表 8-53 的规定	见表 8-53	

花饰安装的允许偏差和检验方法　　　　　表 8-53

项次	项目		允许偏差（mm）		检验方法
			室内	室外	
1	条型花饰的水平度或垂直度	每米	1	3	拉线和用 1m 垂直检测尺检查
		全长	3	6	
2	单独花饰中心位置偏移		10	15	拉线和用钢直尺检查

（九）建筑地面子分部工程

1. 基本要求

（1）根据《建筑地面工程施工质量验收规范》GB 50209—2010 的规定，建筑地面工程子分部工程、分项工程的划分见表 8-54。

建筑地面工程子分部工程、分项工程的划分表　　　　　　　　　表 8-54

分部工程	子分部工程		分项工程
建筑装饰装修工程	地面	整体面层	基层：基土、灰土垫层、砂垫层和砂石垫层、碎石垫层和碎砖垫层、三合土及四合土垫层、炉渣垫层、水泥混凝土垫层和陶粒混凝土垫层、找平层、隔离层、填充层、绝热层
			面层：水泥混凝土面层、水泥砂浆面层、水磨石面层、硬化耐磨面层、防油渗面层、不发火（防爆）面层、自流平面层、涂料面层、塑胶面层、地面辐射供暖的整体面层
		板块面层	基层：基土、灰土垫层、砂垫层和砂石垫层、碎石垫层和碎砖垫层、三合土及四合土垫层、炉渣垫层、水泥混凝土垫层和陶粒混凝土垫层、找平层、隔离层、填充层、绝热层
			面层：砖面层（陶瓷锦砖、缸砖、陶瓷地砖和水泥花砖面层）、大理石面层和花岗石面层、预制板块面层（水泥混凝土板块、水磨石板块、人造石板块面层）、料石面层（条石、块石面层）、塑料板面层、活动地板面层、金属板面层、地毯面层、地面辐射供暖的板块面层
		木、竹面层	基层：基土、灰土垫层、砂垫层和砂石垫层、碎石垫层和碎砖垫层、三合土及四合土垫层、炉渣垫层、水泥混凝土垫层和陶粒混凝土垫层、找平层、隔离层、填充层、绝热层
			面层：实木地板、实木集成地板、竹地板面层（条材、块材面层）、实木复合地板面层（条材、块材面层）、浸渍纸层压木质地板面层（条材、块材面层）、软木类地板面层（条材、块材面层）、地面辐射供暖的木板面层

（2）基层（各构造层）和各类面层的分项工程的施工质量验收应按每一层次或每层施工段（或变形缝）划分检验批，高层建筑的标准层可按每三层（不足三层按三层计）划分检验批。

（3）每检验批应以各子分部工程的基层（各构造层）和各类面层所划分的分项工程按自然间（或标准间）检验，抽查数量应随机检验不应少于 3 间；不足 3 间，应全数检查；其中走廊（过道）应以 10 延长米为 1 间，工业厂房（按单跨计）、礼堂、门厅应以两个轴线为 1 间计算。

（4）有防水要求的建筑地面子分部工程的分项工程施工质量每检验批抽查数量应按其房间总数随机检验不应少于 4 间，不足 4 间，应全数检查。

（5）检验方法应符合下列规定：

1）检查允许偏差应采用钢尺、1m 直尺、2m 直尺、3m 直尺、2m 靠尺、楔形塞尺、坡度尺、游标卡尺和水准仪。

2）检查空鼓应采用敲击的方法。

3）检查防水隔离层应采用蓄水方法，蓄水深度最浅处不得小于 10mm，蓄水时间不得少于 24h；检查有防水要求的建筑地面的面层应采用泼水方法。

4）检查各类面层（含不需铺设部分或局部面层）表面的裂纹、脱皮、麻面和起砂等缺陷，应采用观感的方法。

2. 整体面层铺设（以水磨石面层为例）

适用于水泥混凝土（含细石混凝土）面层、水泥砂浆面层、水磨石面层、硬化耐磨面层、防油渗面层、不发火（防爆）面层、自流平面层、涂料面层、塑胶面层、地面辐射供暖的整体面层等面层分项工程的施工质量检验。整体面层的允许偏差和检验方法应符合表 8-55 的规定。质量检验标准以水磨石面层为例，因篇幅所限，其他面层分项工程内容从略。

整体面层的允许偏差和检验方法　　　　表8-55

项次	项目	允许偏差（mm）									检验方法
		水泥混凝土面层	水泥砂浆面层	普通水磨石面层	高级水磨石面层	硬化耐磨面层	防油渗混凝土和不发火（防爆）面层	自流平面层	涂料面层	塑胶面层	
1	表面平整度	5	4	3	2	4	5	2	2	2	用2m靠尺和楔形塞尺检查
2	踢脚线上口平直	4	4	4	3	4	5	3	3	3	拉5m线和用钢尺检查
3	缝格平直	3	3	3	2	3	3	2	2	2	

水磨石面层分项工程检验批质量检验标准　　　　表8-56

项	序号	项目	合格质量标准	检验方法	检查数量
主控项目	1	材料质量	水磨石面层的石粒应采用白云石、大理石等岩石加工而成，石粒应洁净无杂物，其粒径除特殊要求外应为6~16mm；颜料应采用耐光、耐碱的矿物原料，不得使用酸性颜料	观察、检查；检查质量合格证明文件	同一工程、同一体积比检查一次
	2	拌合料体积比	水磨石面层拌合料的体积比应符合设计要求，且水泥与石粒的比例应为1:1.5~1:2.5	检查配合比试验报告	同一工程、同一体积比检查一次
	3	防静电水磨石面层	防静电水磨石面层应在施工前及施工完成表面干燥后进行接地电阻和表面电阻检测，并应做好记录	检查施工记录和检测报告	随机检验不应少于3间；不足3间，应全数检查，其中走廊（过道）应以10延长米为1间，工业厂房（按单跨计）、礼堂、门厅应以两个轴线为1间计算；有防水要求的建筑地面子分部工程的分项工程施工质量每检验批抽查数量应按其房间总数随机检验不应少于4间，不足4间，应全数检查
	4	面层与下一层结合	面层与下一层结合应牢固，且应无空鼓、裂纹。当出现空鼓时，空鼓面积不应大于400cm²，且每自然间或标准间不应多于2处	观察和用小锤轻击检查	
一般项目	1	面层表面质量	面层表面应光滑，且应无裂纹、砂眼和磨痕；石粒应密实，显露应均匀；颜色图案应一致，不混色；分格条应牢固、顺直和清晰	观察	
	2	踢脚线	踢脚线与柱、墙面应紧密结合，踢脚线高度及出柱、墙厚度应符合设计要求，且均匀一致。当出现空鼓时，局部空鼓长度不应大于300mm，且每自然间或标准间不应多于2处	用小锤轻击、钢尺和观察检查	
	3	楼梯、台阶踏步	楼梯、台阶踏步的宽度、高度应符合设计要求。楼层梯段相邻踏步高度差不应大于10mm；每踏步两端宽度差不应大于10mm，旋转楼梯梯段的每踏步两端宽度的允许偏差不应大于5mm。踏步面层应做防滑处理，齿角应整齐，防滑条应顺直、牢固	观察和用钢尺检查	
	4	允许偏差	水磨石面层的允许偏差应符合表8-55的规定	见表8-55	

注：1. 水磨石面层应采用水泥与石粒的拌合料铺设，有防静电要求时，拌合料内应按设计要求掺入导电材料。面层厚度除有特殊要求外，宜为12~18mm，且按石粒粒径确定。水磨石面层的颜色和图案应符合设计要求。
2. 白色或浅色的水磨石面层，应采用白水泥；深色的水磨石面层，宜采用硅酸盐水泥、普通硅酸盐水泥或矿渣硅酸盐水泥；同颜色的面层应使用同一批水泥。同一彩色面层应使用同厂、同批的颜料；其掺入量宜为水泥重量的3%~6%或由试验确定。
3. 水磨石面层的结合层采用水泥砂浆时，强度等级应符合设计要求且不应小于M10，稠度宜为30~35mm。
4. 防静电水磨石面层中采用导电金属分格条时，分格条应经绝缘处理，且十字交叉处不得碰接。
5. 普通水磨石面层磨光遍数不应少于3遍。高级水磨石面层的厚度和磨光遍数应由设计确定。
6. 水磨石面层磨光后，在涂草酸和上蜡前，其表面不得污染。
7. 防静电水磨石面层应在表面经清净、干燥后，在表面均匀涂抹一层防静电剂和地板蜡，并应做抛光处理。

3. 板块面层分项

适用于砖面层、大理石和花岗石面层、预制板块面层、料石面层、塑料板面层、活动地板面层、金属板面层、地毯面层、地面辐射供暖的板块面层等面层分项工程的施工质量验收。板块面层的允许偏差和检验方法应符合规定。因篇幅所限，质量检验标准以砖面层为例，其他面层分项工程内容从略。

板块面层的允许偏差和检验方法　　　　表 8-57

项次	项目	允许偏差（mm）											检验方法
		陶瓷锦砖、高级水磨石板、陶瓷地砖面层	缸砖面层	水泥花砖面层	水磨石板块面层	大理石面层和花岗石面层、人造石面层、金属板面层	塑料板面层	水泥混凝土板块面层	碎拼大理石、碎拼花岗石面层	活动地板面层	条石面层	块石面层	
1	表面平整度	2.0	4.0	3.0	3.0	1.0	2.0	4.0	3.0	2.0	10	10	用2m靠尺和楔形塞尺检查
2	缝格平直	3.0	3.0	3.0	3.0	2.0	3.0	3.0	—	2.5	8.0	8.0	拉5m线和用钢尺检查
3	接缝高低差	0.5	1.5	0.5	1.0	0.5	0.5	1.5	—	0.4	2.0	—	用钢尺检查和楔形塞尺检查
4	踢脚线上口平直	3.0	4.0	—	4.0	1.0	2.0	4.0	1.0	—	—	—	拉5m线和用钢尺检查
5	板块间隙宽度	2.0	2.0	2.0	2.0	1.0	—	6.0	—	0.3	5.0	—	用钢尺检查

4. 木、竹面层分项（以实木复合地板面层为例）

适用于实木地板面层、实木集成地板面层、竹地板面层、实木复合地板面层、浸渍纸层压木质地板面层、软木类地板面层、地面辐射供暖的木板面层等（包括免刨、免漆类）面层分项工程的施工质量检验。木、竹面层的允许偏差和检验方法应符合表 8-59 的规定。因篇幅所限，质量检验标准以实木复合地板面层为例，其他面层分项工程内容从略。

砖面层分项工程检验批质量检验标准 表 8-58

项	序号	项 目	合格质量标准	检验方法及检验内容	检查数量
主控项目	1	块材质量	砖面层所用板块产品应符合设计要求和国家现行有关标准的规定	观察、检查；包括型式检验报告、出厂检验报告、出厂合格证	同一工程、同一材料、同一生产厂家、同一型号、同一规格、同一批号检查一次
	2	放射性限量检测	砖面层所用板块产品进入施工现场时，应有放射性限量合格的检测报告	检查检测报告	
	3	面层与下一层结合	面层与下一层的结合（粘结）应牢固，无空鼓（单块砖边角允许有局部空鼓，但每自然间或标准间的空鼓砖不应超过总数的5%）	用小锤轻击检查	
一般项目	1	面层表面质量	砖面层的表面应洁净、图案清晰，色泽应一致，接缝应平整，深浅应一致，周边应顺直。板块应无裂纹、掉角和缺棱等缺陷。	观察检查	随机检验不应少于3间；不足3间，应全数检查，其中走廊（过道）应以10延长米为1间，工业厂房（按单跨计）、礼堂、门厅应以两个轴线为1间计算；有防水要求的建筑地面子分部工程的分项工程施工质量每检验批抽查数量应按其房间总数随机检验不应少于4间，不足4间，应全数检查
	2	面层邻接处镶边	面层邻接处的镶边用料及尺寸应符合设计要求，边角应整齐、光滑	观察和用钢尺检查	
	3	踢脚线质量	踢脚线表面应洁净，与柱、墙面的结合应牢固。踢脚线高度及出柱、墙厚度应符合设计要求，且均匀一致	观察和用小锤轻击及钢尺检查	
	4	楼梯、台阶踏步	楼梯、台阶踏步的宽度、高度应符合设计要求。踏步板块的缝隙宽度应一致；楼层梯段相邻踏步高度差不应大于10mm；每踏步两端宽度差不应大于10mm，旋转楼梯梯段的每踏步两端宽度的允许偏差不应大于5mm。踏步面层应做防滑处理，齿角应整齐，防滑条应顺直、牢固	观察和用钢尺检查	
	5	面层表面坡度	面层表面的坡度应符合设计要求，不倒泛水、无积水；与地漏、管道结合处应严密牢固，无渗漏	观察，泼水或用坡度尺及蓄水检查	
	6	允许偏差	砖面层的允许偏差应符合本规范表8-57的规定	见表8-57	

注：1. 砖面层可采用陶瓷锦砖、缸砖、陶瓷地砖和水泥花砖，应在结合层上铺设。
2. 在水泥砂浆结合层上铺贴缸砖、陶瓷地砖和水泥花砖面层时，应符合下列规定：
(1) 在铺贴前，应对砖的规格尺寸、外观质量、色泽等进行预选；需要时，浸水湿润晾干待用；
(2) 勾缝和压缝采用同品种、同强度等级、同颜色的水泥，并做养护和保护。
3. 在水泥砂浆结合层上铺贴陶瓷锦砖面层时，砖底面应洁净，每联陶瓷锦砖之间、与结合层之间以及在墙角、镶边和靠柱、墙处应紧密贴合。在靠柱、墙处不得采用砂浆填补。
4. 在胶结料结合层上铺贴缸砖面层时，缸砖应干净，铺贴应在胶结料凝结前完成。

木、竹面层的允许偏差和检验方法 表 8-59

项次	项 目	允许偏差（mm）				检验方法
		实木地板、实木集成地板、竹地板面层			浸渍纸层压木质地板、实木复合地板、软木类地板面层	
		松木地板	硬木地板、竹地板	拼花地板		
1	板面缝隙宽度	1.0	0.5	0.2	0.5	用钢尺检查
2	表面平整度	3.0	2.0	2.0	2.0	用2m靠尺和楔形塞尺检查
3	踢脚线上口平齐	3.0	3.0	3.0	3.0	拉5m通线，不足5m拉通线和用钢尺检查
4	板面拼缝平直	3.0	3.0	3.0	3.0	
5	相邻板材高差	0.5	0.5	0.5	0.5	用钢尺检查和楔形塞尺检查
6	踢脚线上口平直	1.0				楔形塞尺检查

实木复合地板面层分项工程检验批质量检验标准   表 8-60

项	序号	项 目	合格质量标准	检验方法及检验内容	检查数量
主控项目	1	材料质量	实木复合地板面层采用的地板、胶粘剂等应符合设计要求和国家现行有关标准的规定	观察、检查；包括型式检验报告、出厂检验报告、出厂合格证	同一工程、同一材料、同一生产厂家、同一型号、同一规格、同一批号检查一次 随机检验不应少于 3 间，不足 3 间，应全数检查，其中走廊（过道）应以 10 延长米为 1 间，工业厂房（按单跨计）、礼堂、门厅应以两个轴线为 1 间计算；有防水要求的建筑地面子分部工程的分项工程施工质量每检验批抽查数量应按其房间总数随机检验不应少于 4 间，不足 4 间，应全数检查
主控项目	2	有害物质限量检测	实木复合地板面层采用的材料进入施工现场时，应有以下有害物质限量合格的检测报告： 1 地板中的游离甲醛（释放量或含量）； 2 溶剂型胶粘剂中的挥发性有机化合物（VOC）、苯、甲苯+二甲苯； 3 水性胶粘剂中的挥发性有机化合物（VOC）和游离甲醛	检查检测报告	
主控项目	3	防腐、防蛀	木搁栅、垫木和垫层地板等应做防腐、防蛀处理	观察检查和检查验收记录	
主控项目	4	木搁栅安装	木搁栅安装应牢固、平直	观察，行走、钢尺测量等检查和检查验收记录	
主控项目	5	面层铺设	面层铺设应牢固；粘贴应无空鼓、松动	观察，行走或用小锤轻击检查	
一般项目	1	面层表面质量	实木复合地板面层图案和颜色应符合设计要求，图案应清晰，颜色应一致，板面应无翘曲	观察，用 2m 靠尺和楔形塞尺检查	
一般项目	2	面层缝隙	面层缝隙应严密；接头位置应错开，表面应平整、洁净	观察检查	
一般项目	3	粘、钉工艺	面层采用粘、钉工艺时，接缝应对齐，粘、钉应严密；缝隙宽度应均匀一致；表面应洁净，无溢胶现象	观察检查	
一般项目	4	踢脚线	踢脚线应表面光滑，接缝严密，高度一致	观察和用钢尺检查	
一般项目	5	允许偏差	实木复合地板面层的允许偏差应符合本规范表 8-59 的规定	见表	

注：1. 实木复合地板面层采用的材料、铺设方式、铺设方法、厚度以及垫层地板铺设等，均应符合以下的规定：
（1）应采用条材或块材或拼花，以空铺或实铺方式在基层上铺设。
（2）可采用双层面层和单层面层铺设，其厚度应符合设计要求；其选材应符合国家现行有关标准的规定。
（3）其木搁栅的截面尺寸、间距和稳固方法等均应符合设计要求。木搁栅固定时，不得损坏基层和预埋管线。木搁栅应垫实钉牢，与柱、墙之间留出 20mm 的缝隙，表面应平直，其间距不宜大于 300mm。
（4）面层下铺设垫层地板时，垫层地板的髓心应向上，板间缝隙不应大于 3mm，与柱、墙之间应留 8~12mm 的空隙，表面应刨平。
2. 实木复合地板面层应采用空铺法或粘贴法（满粘或点粘）铺设。采用粘贴法铺设时，粘贴材料应按设计要求选用，并应具有耐老化、防水、防菌、无毒等性能。
3. 实木复合地板面层下衬垫的材料和厚度应符合设计要求。
4. 实木复合地板面层铺设时，相邻板材接头位置应错开不小于 300mm 的距离；与柱、墙之间应留不小于 10mm 的空隙。当面层采用无龙骨的空铺法铺设时，应在面层与柱、墙之间的空隙内加设金属弹簧卡或木楔子，其间距宜为 200~300mm。
5. 大面积铺设实木复合地板面层时，应分段铺设，分段缝的处理应符合设计要求。

参考文献

[1] 住房与城乡建设部. 建筑工程施工质量验收统一标准 GB 50300—2001. 北京：中国建筑工业出版社，2001.
[2] 住房与城乡建设部. 建筑装饰装修工程质量验收规范 GB 50210—2001. 北京：中国建筑工业出版社，2001.
[3] 住房与城乡建设部. 屋面工程质量验收规范 GB 50207—2012. 北京：中国建筑工业出版社，2012.
[4] 住房与城乡建设部. 建筑地面工程施工质量验收规范 CB 50209—2010. 北京：中国建筑工业出版社，2010.
[5] 住房与城乡建设部. 民用建筑工程室内环境污染控制规范 GB 50325—2010. 北京：中国建筑工业出版社，2010.
[6] 住房与城乡建设部. 钢结构工程施工质量验收规范 GB 50205—2001. 北京：中国建筑工业出版社，2001.
[7] 住房与城乡建设部. 建筑节能工程施工质量验收规范 GB 50411—2007. 北京：中国建筑工业出版社，2007.
[8] 住房与城乡建设部. 建筑物防雷设计规范 GB 50057—2010. 北京：中国建筑工业出版社，2010.
[9] 住房与城乡建设部. 建筑内部装修防火施工及验收规范 GB 50354—2005. 北京：中国建筑工业出版社，2005.
[10] 本书编委会. 二级建造师-建设工程施工管理. 北京：中国建筑工业出版社，2012.
[11] 本书编委会. 二级建造师-建筑工程管理与实务. 北京：中国建筑工业出版社，2012.
[12] 本书编委会. 二级建造师-建设工程法规及相关知识. 北京：中国建筑工业出版社，2012.
[13] 北京土木建筑学会. 建筑装饰装修工程施工操作手册. 北京：经济科学出版社，2004.
[14] 北京土木建筑学会. 建筑工程技术交底记录（第一版）. 北京：经济科学出版社，2003.
[15] 建筑装饰工程手册编写组. 建筑装饰工程手册（第一版）. 北京：机械工业出版社，2002.
[16] 陆化来主编. 建筑装饰基础技能实训. 北京：高等教育出版社，2002.
[17] 中国建筑工程总公司. 建筑装饰装修工程施工工艺标准（第一版）. 北京：中国建筑工业出版社，2003.
[18] 饶勃主编. 金属饰面装饰施工手册（第一版）. 北京：中国建筑工业出版社，2005.
[19] 陈世霖. 建筑工程设计施工详细图集装饰工程（4）（第一版）. 北京：中国建筑工业出版社，2005.
[20] 王朝熙主编. 建筑装饰装修施工工艺标准手册. 北京：中国建筑工业出版社，2004.
[21] 陈晋楚主编. 建筑装饰施工员必读. 北京：中国建筑工业出版社，2009.
[22] 朱吉顶主编. 建筑装饰基本技能实训指导. 北京：机械工业出版社，2009.